中华文化风采录

杨宏伟◎编著

奇石
天然的

【昔日瑰宝工艺】

北方妇女儿童出版社
·长春·

图书在版编目(CIP)数据

天然的奇石 / 杨宏伟编著. —长春：北方妇女
儿童出版社，2017.5（2022.8重印）
（昔日瑰宝工艺）
ISBN 978-7-5585-1048-9

Ⅰ．①天… Ⅱ．①杨… Ⅲ．①石—介绍—中
国 Ⅳ．①TS933

中国版本图书馆CIP数据核字（2017）第100633号

天然的奇石
TIANRAN DE QISHI

出　版　人	师晓晖	
责任编辑	吴　桐	
开　　本	700mm×1000mm　1/16	
印　　张	6	
字　　数	85千字	
版　　次	2017年5月第1版	
印　　次	2022年8月第3次印刷	
印　　刷	永清县晔盛亚胶印有限公司	
出　　版	北方妇女儿童出版社	
发　　行	北方妇女儿童出版社	
地　　址	长春市福祉大路5788号	
电　　话	总编办：0431-81629600	
定　　价	36.00元	

习近平总书记说："提高国家文化软实力，要努力展示中华文化独特魅力。在5000多年文明发展进程中，中华民族创造了博大精深的灿烂文化，要使中华民族最基本的文化基因与当代文化相适应、与现代社会相协调，以人们喜闻乐见、具有广泛参与性的方式推广开来，把跨越时空、超越国度、富有永恒魅力、具有当代价值的文化精神弘扬起来，把继承传统优秀文化又弘扬时代精神、立足本国又面向世界的当代中国文化创新成果传播出去。"

为此，党和政府十分重视优秀的先进的文化建设，特别是随着经济的腾飞，提出了中华文化伟大复兴的号召。当然，要实现中华文化伟大复兴，首先要站在传统文化前沿，薪火相传，一脉相承，弘扬和发展5000多年来优秀的、光明的、先进的、科学的、文明的和自豪的文化，融合古今中外一切文化精华，构建具有中国特色的现代民族文化，向世界和未来展示中华民族具有独特魅力的文化风采。

中华文化就是中华民族及其祖先所创造的、为中华民族世世代代所继承发展的、具有鲜明民族特色而内涵博大精深的优良传统文化，历史十分悠久，流传非常广泛，在世界上拥有巨大的影响力，是世界上唯一绵延不绝而从没中断的古老文化，并始终充满了生机与活力。

浩浩历史长河，熊熊文明薪火，中华文化源远流长，滚滚黄河、滔滔长江是最直接的源头，这两大文化浪涛经过千百年冲刷洗礼和不断交流、融合以及沉淀，最终形成了求同存异、兼收并蓄的辉煌灿烂的中华文明。

中华文化曾是东方文化的摇篮，也是推动整个世界始终发展的动力。早在500年前，中华文化催生了欧洲文艺复兴运动和地理大发现。在200年前，中华文化推动了欧洲启蒙运动和现代思想。中国四大发明先后传到西方，对于促进西方工业社会形成和发展曾起到了重要作用。中国文化最具博大性和包容性，所以世界各国都已经掀起中国文化热。

中华文化的力量，已经深深熔铸到我们的生命力、创造力和凝聚力中，是我们民族的基因。中华民族的精神，也已深深根植于绵延数千年的优秀文化传统之中，是我们的精神家园。但是，当我们为中华文化而自豪时，也要正视其在近代衰微的历史。相对于5000年的灿烂文化来说，这仅仅是短暂的低潮，是喷薄前的力量积聚。

中国文化博大精深，是中华各族人民5000多年来创造、传承下来的物质文明和精神文明的总和，其内容包罗万象，浩若星汉，具有很强的文化纵深感，蕴含丰富的宝藏。传承和弘扬优秀民族文化传统，保护民族文化遗产，已经受到社会各界重视。这不但对中华民族复兴大业具有深远意义，而且对人类文化多样性保护也有重要贡献。

特别是我国经过伟大的改革开放，已经开始崛起与复兴。但文化是立国之根，大国崛起最终体现在文化的繁荣发展上。特别是当今我国走大国和平崛起之路的过程，必然也是我国文化实现伟大复兴的过程。随着中国文化的软实力增强，能够有力加快我们融入世界的步伐，推动我们为人类进步做出更大贡献。

为此，在有关部门和专家指导下，我们搜集、整理了大量古今资料和最新研究成果，特别编撰了本套图书。主要包括传统建筑艺术、千秋圣殿奇观、历来古景风采、古老历史遗产、昔日瑰宝工艺、绝美自然风景、丰富民俗文化、美好生活品质、国粹书画魅力、浩瀚经典宝库等，充分显示了中华民族厚重的文化底蕴和强大的民族凝聚力，具有极强的系统性、广博性和规模性。

本套图书全景展现，包罗万象；故事讲述，语言通俗；图文并茂，形象直观；古风古雅，格调温馨，具有很强的可读性、欣赏性和知识性，能够让广大读者全面触摸和感受中国文化的内涵与魅力，增强民族自尊心和文化自豪感，并能很好地继承和弘扬中国文化，创造未来中国特色的先进民族文化，引领中华民族走向伟大复兴，在未来世界的舞台上，在中华复兴的绚丽之梦里，展现出龙飞凤舞的独特魅力。

赏石先导——夏商两周时期

置石造景——秦汉魏晋时期

昌盛发展——隋唐五代时期

鼎盛时代——宋元历史时期

空前繁盛——明清历史时期

夏商两周时期

　　石器时代是人类社会发展过程中的蒙昧时代。灵石崇拜与大山崇拜几乎同时发生，互有叠压现象，并在发展过程中不断深化，灵石由神秘化逐渐人格化。

　　夏朝的建立和青铜器的出现，极大地促进了生产力的发展，尤其是玉器的广泛应用和加工技术的全面提高，为赏石文化的产生打下了坚实的基础。

　　商代妇好墓中的玉器品类繁多，精美绝伦，集古玉器艺术之大成，象牙杯镶嵌有绿松石，是古代雕刻与镶嵌之精品。

远古灵石崇拜启蒙赏石文化

　　一部浩如烟海的人类文明史，也就是一部漫长的由简单到复杂、由低级到高级的石文化史。

　　人类的祖先从旧石器时代利用天然石块为工具、当武器，到新石器时代的打制石器；从出土墓葬中死者的简单石制饰物，到后来的精美石雕和宝玉奇石工艺品。各种石头始终伴随着人类从蛮荒时代，逐步走向文明，直至未来。古今一切利用石头的行为及其理论，构成了石文化的基本内容。

■旧石器时代的刮削器

170万年前的元谋人开始使用打制的石头工具，比较简单粗糙，就质地而言，早期以易于加工、质地较松软的砂质岩为主。

■ 远古人类打造石器蜡像

而且，元谋人已经开始用石块作为随葬品。北京周口店猿人洞穴，石器原料多为石英岩，也有绿色砂岩、燧石、水晶石等。

早在3万年前，峙峪人所制作的一件石墨饰物提供了目前所知最早的实物例证。

在三峡地区，10万年前的长阳人遗址，几千年前的大溪、中堡岛、红花套、城背溪、关庙山等新石器时代文化遗址，从这些遗址中发现最早最多的器物便是石器。不仅有石锛、石斧、石刀、石刮器等生产生活用具，而且有石珠、石球、石人、石兽等装饰和玩赏石品。

距今1.8万年前的山顶洞人，石器加工比较精细，

元谋人 其实是云南元谋发现的两颗牙齿化石，也是元谋人化石仅有的两件标本。简称元谋直立人或"元谋人""元谋猿人"。元谋人的生活时期是早更新世晚期，距今约170万年。

且已经出现装饰品，如钻孔石坠、穿孔小石珠、砾石等。距今1万年前的桂林庙岩人时期，就出现了用石头制作的工艺品。庙岩人选择形状像鱼的天然石块，在一端略作修饰，做成鱼头，在另一端雕刻出鱼尾纹，使整块石头像一条鱼，增添了石的观赏魅力。

距今1万至7000年前，桂林的甑皮岩人用小块石头穿孔作为胸饰佩戴。同时，在甑皮岩墓葬中还发现带有宗教色彩的红色赤铁矿粉末，并以此作为崇拜物撒在女性臀部上；一些男性死者身旁摆放有鹅卵石和青石板。

距今7000年前的河姆渡文化，遗存有选料和加工具有相当水准的玉玦、玉环、玉璜等各种玉器。

这些遗物充分证明，在旧石器时代晚期，原始人除了个人使用的简陋劳动工具和贴身装饰品外，还利用石头制造出了生产用品、装饰品和祭器。

■旧石器时代砍砸器

距今5000年前的马家窑文化彩陶罐里，发现有已断线的砾石项链。

石，大者为山，小者为石，石是山的浓缩和升华。"土之精为石。石，气之核也。"在万物有灵的原始宗教思想支配下，山是有灵性的，石为山之局部当然也有灵性，于是就出现了灵石。

在内蒙古乌拉特中旗，有一

■ 马坝人遗址石器

处被称为狩猎图的岩画，画中间一巨石耸立，两边安放着小岩石。这是氏族部落崇拜灵石的宗教场所。

人们对大山无比敬仰，以山作为神的化身，而大自然中存在一种主宰一切的神灵，神灵居住在大山之上，大山也就更加至高无上了。

泰山是大山崇拜的典型代表，是大山崇拜的载体，泰山也是中华民族崇拜信仰的典型范例。泰山是我国的神山、圣山，自古就为人们所崇敬。

石为自然生成之物，虽世间沧海桑田，天苍地老变化无常，而石头巍然屹立、坚硬、耐久不变。人类认为石头有灵，从而产生了敬仰心理，以及石崇拜和有关石头的传说。

石祖崇拜是广泛存在于世界各地的一种原始信仰，它起源于远古时代，但影响颇深，至今有些民族和地区依然保留着原始崇拜的遗俗。石祖是一种崇拜形态，一般将石柱、石塔、石洞、孤立石等作为性器官的象征，成为崇礼和膜拜的对象。

石器是人类对自然石形态改变的结果，石器时代是石文化的重要实践过程，也是人类自觉地、主动地与自然抗争的过程。

石器的制造经过了由简而繁、由单一到多样，进而到定型化、艺

■旧石器时代石器
尖状器

女娲 是我国古代神话人物。她和伏羲同是中华民族的人文初祖。女娲是一位美丽的女神，身材像蛇一样苗条。女娲时代，随着人类的增多，社会开始动荡了。两位英雄人物，水神共工氏和火神祝融氏，在不周山大战，结果共工氏因为失败而怒撞不周山，引起女娲用五彩石补天等一系列轰轰烈烈的动人故事。

术化的过程。旧石器时代，石器外形简单粗糙，多为利用天然石块或河滩软石稍加打制用于生产。

后来随着生产的发展和所需的不同，种类繁多的石器相继出现。

石器在材料选择上由自然石块到普通石材，由软质石料到硬质石料，由单一石种到多石种，由普通石种到优质石种，直至玉石、宝石。并由重外形到重质地、重色彩，各种优质石种相继被发现、被应用。

可以说，石器的多功能、多样化与定型化，石料选择由就地取材到多方寻觅，是经过长期选择和实践的结果。同时，石器的多样化与定型化，是历经亿万次实践而形成的最佳外观形式，这种最佳的外观形式萌生出美的雏形。

因此，石器时代是石文化的奠基阶段，是赏石文化的实践阶段。

远古的神话传说是先民对自然山石、社会生活和思想意识的生动反映。它积淀了一定的历史真实，并且寄托着先民对宇宙奥秘的认识、理解和对自己命运的追求。

它是集体创造的最初形态的原始文化意识，在文字出现后逐渐被记录下来，虽有一定的加工和附会，但仍能反映出朴素的原始风貌。

女娲是我国神话中创造万物的女神，她创造了人类，是人类的女始祖。"女娲补天"的神话传说，记述远古时期，当天崩地裂、人类生存受到威胁时，她以大无畏的精神，炼五彩石把残缺的天补起来，挽救了人类，后人因此把彩色异常之石叫作女娲石。

《南康记》记述：

> 归美山山石红丹，赫若彩绘，峨峨秀上，切霄邻景，名曰女娲石。

女娲石同女娲一样，在我国历史上具有深远影响，它被认为是我国最古老的奇石，也是人间最理想的观赏石。

世界上每个民族都有其独特的地理环境，也相应有其理想的环境模式，昆仑山是我国人追求的神山仙境，它被描绘成无比高大奇特，拔地而起直插青天，是一处可望而不可即的仙境，同时又被视为西王母居住之地，很多历史文献都有记载。

《山海经·海内经》中说："昆仑之虚方八百里，高万仞，百神之所在。"《海内十州记》中将昆仑山描写得富丽辉煌："金台玉楼，相鲜如流精之阙光；碧玉之堂，琼华之室，

▣ 新石器时代工具石片

禹　姒姓，名文命，字高密，后世尊称为大禹，也称帝禹，为夏后氏首领、夏朝的第一任君王，于公元前2029年至公元前1978年在位。他是黄帝的七世孙、颛顼的五世孙。是我国远古时期与尧、舜齐名的贤圣帝王，他最卓著的功绩，就是历来被传颂的治理滔天洪水，又划定我国国土为九州。

紫翠丹房，锦云烛日，朱霞九光，西王母之所治也，真官仙灵之所宗。"

此外，先秦古书《穆天子传》则细致描绘了周穆王驾八骏渡沙漠，万里西游至昆仑，与西王母瑶池欢宴的盛况。这些神奇的神话传说，自然引起人们的极度憧憬。

小者为石，大者为山，因此昆仑山也就成为远古时期最伟大的奇石。

随着社会的进步，灵石由神秘化进而人格化，被人类崇拜祭祀。如关于"禹生于石""启母石"的传说，就是原始灵石崇拜的写照，传说将灵石人格化并将石赋予母性的特征。

《淮南子·修务训》："禹生于石。"《随巢子》："禹产于昆石。"明确提出禹是昆石所生。在《遁甲开山图》中记述禹是其母女狄"得石子如珠，爱而吞之"，感石受孕而生。二者都反映一个事实，禹因石而生，石是禹产生的根本。

禹不仅生于石，而且是社神。《淮南户·氾论篇》记载："禹劳天下，死而为社。"认为禹是社神，是"名山川的主神"。《书·吕刑》记载："禹

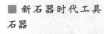
■ 新石器时代工具石器

平水土，主名山川。"

河南嵩山南坡有一巨石，高十余米，相传即为启母石。有文记载"古代神话谓禹娶涂山氏女生启，母化为石"。灵石非但有灵，还具有生育能力。大禹由灵石所生，而我国第一个王朝统治者夏启，也是石头所生，"石破北方而生启"，夏启之母涂山氏也由人变成石头，而石头又生了启。

河南登封启母阙启母石

禹、夏启、涂山氏3人的生存均与石头息息相关，组成一个由灵石衍生出来的家庭，最典型最生动地反映出夏代对灵石的敬仰和神化。

人和石具有不解之缘，人类的祖先是石头所生，那么人类也就成了灵石的后代，人和石从远古就结合在一起，所以对石头的信仰和崇拜也就在情理之中了，对灵石崇拜的礼俗也应运而生。这一切为我国赏石文化的产生，从实践和理论上创造了前提条件。

夏朝划分九州，铸九鼎，产生文字，标志着我国进入了文明社

■ 石矛矛头石器

鼎是我国青铜文化的代表。鼎在古代被视为立国重器，是国家和权力的象征。鼎本来是古代的烹饪之器，相当于现在的锅，用以炖煮和盛放鱼肉。自从有了"禹铸九鼎"的传说，鼎就从一般的炊器而发展为传国重器。一般来说鼎有三足的圆鼎和四足的方鼎两类，又可分有盖的和无盖的两种。有一种成组的鼎，形制由大到小，成为一列，称为列鼎。

会。

《左传》记载："茫茫禹迹，画为九州。"夏将全国划分为九州，设九牧以统治国民。夏王朝的建立，揭开了我国历史新篇章，开创了中华民族文明历史。

夏商周诸氏族相继崛起，先后完成了从部族到民族的发展，并相互影响，相互融合成为汉民族文化的基础。而以汉民族为中心的中华民族大家庭，又为传统文化奠定了坚实的基础。

相传"禹铸九鼎"，并把国家大事铸在上面。《汉书·郊祀志》记载："禹收九牧之金，铸九鼎，像九州。"禹在九鼎的鼎面上，分别铭刻着天下9个州的山川草木、禽兽的图像。

奇异的观赏石在典籍中的最早记载应推《尚书》，其中列举九州上贡的物品，青州有"铅松怪石"，徐州为"泗水浮磬"。在《尚书译注》中称怪石为怪异、美好如玉的石头，产自泰山。

《尚书·禹贡》记载："岱丝、枲铅、怪石。"《名物大典》上记载"泗水浮磬"即磬石。孔安国《尚书·传》记载："泗水涯水中见石，可以为磬。"《枸橼篇》记载："泗水之滨多美石。"

磬在远古时期也称作"鸣石"或"鸣球"，《尔雅·释乐》记载："大磐谓之磬。"《尚书·益稷》记载："戛击鸣球""击石拊石，百兽率舞。"

记述先人化装后模仿自然界各种鸟兽的形象和动作在击石拊石的节奏声中，"手之舞之，足之蹈之"，追逐嬉戏的生动场面。

夏代青铜器的出现，说明人类已经跨入文明社会的门槛。洛阳二里头文化遗址被确认为夏王朝的都城遗址。二里头遗址修建十分豪华，四壁文采斐然，并嵌以宝玉，其间还堆放着青铜、美玉、雕石等，其中有一件镶嵌绿松石的铜牌，制作精美，镶嵌技术熟练，是件艺术精品。

此外，在南京北阴阳营新石器时代墓葬中发现大量磨制精细的石器工具，如石铲、石斧和石刀等。

除石器以外，还有玉器、玛瑙与绿松石等装饰

■ 新石器时代石器

古代玉蟾蜍

品，说明绿松石、玛瑙已被广泛运用。

南京还在夏代遗址发现76枚天然花石子，即雨花石，分别被随葬在许多墓葬中，每个墓中放1~3枚雨花石子不等，有的雨花石子放在死者口中。这是已知关于雨花石文化的最早实证，证明在新石器时代晚期的夏商时期，赏石文化已初步形成。

灵石信仰是自然崇拜的一种形式，虽然历经社会动荡和不同民族习俗及文化的碰撞与融合，形式发生变化，同时加上不同时代的印记，但人们的崇敬心态还是一脉相承，并演变为对灵石的各式崇拜、众多礼拜仪式和遗俗。

在《山海经》这部我国古代最早的神话总汇中，有记述仰韶文化的神话。书中记述了大量先秦时期华夏美石、奇石、彩石、文石、泰山玉石、乐石、蚨石、冷石等石种，还大量记述了各地山神。

阅读链接

在人类文明史上，每个社会形态的文明都必须借鉴和吸收以前社会形态所创造的一切文明成果，只有如此，社会方有新的创造和进步。赏石文化也是经过了这样的传承方式。

赏石是在长期的生产劳动中逐渐形成的，起初重视实用性，渐渐发展到重视色彩、质地，进而发展成为装饰品和饰物，成为人们的审美对象。

原始人类已经自觉或不自觉地用美丽的小石子作为装饰物，虽处于萌芽状态，但已成为赏石文化的早期行为。

商代崇玉之风开启赏石之门

我国赏石文化，最早是在园林中得以实践的，苑内筑丘、设台，布置山石。

《史记·殷本纪》中记载：

益收狗马奇物，充韧宫室，益广沙丘苑台，多取野兽蜚鸟置其中……乐戏于沙丘。

我国园林最初的形态称为"囿"，即起源于殷商时期。囿最初是

虎纹石磬

帝王放养禽兽，以供畋猎取乐和欣赏自然界动物生活的一个审美享乐场所。

先秦由于经济的发展，生产资料有了剩余，猎取的一些动物，能成活的，便圈起来人工饲养，以后随范围扩大和种类的增多，渐渐发展成为园林的雏形。

除园林石外，这时最早开发出了观赏石中的灵璧石。灵璧石主要产自于安徽灵璧县，远在3000年前，就已经被确认为制磬的最佳石料，并且对其进行开采和利用。从殷墟中发现的商代"虎纹石磬"就是实物的佐证。

这面"虎纹石磬"原是殷王室使用的典礼重器，横长84厘米，纵高42厘米，厚2.5厘米，石磬正面刻有雄健威猛的虎纹，可称为商代磬中之王。

虎纹石磬发现于殷墟武官村大墓，是形体最大的商磬。它表面雕刻的虎形纹造型优美，刀法纯熟，线条流畅，薄薄的石片表面，一只老虎怒目圆睁，虎尾上扬，虎口大张，尖尖的獠牙清晰可辨，老虎身躯呈

■ 古代石磬

匍匐状，做出猛虎扑食的架势。

据测定，该磬有5个音阶，可演奏不同乐曲，轻轻敲击，即可发出悠扬清越的音响。

石磬在商代是重要的礼乐之器，商人用以祭天地山川和列祖列宗。《尚书·益稷篇》载："击石拊石，百兽率舞。"即是表述先民敲击石磬，举行大型宗教舞蹈的场景。

磬的形制又分为单悬的特磬与成组使用的编磬，它们不仅在数量上有区别，而且其质地也在使用中有严格的规范。祭天地山川，使用石磬；祭列祖列宗，则敲击玉磬。

后来又规定，只有王宫的乐坛上才可以悬击石磬。诸侯如胆敢悬击石磬，那就是僭越，是大逆不道的行为。在王室还设有磬师，专门教授击磬之道。

譬如虎纹石磬，是单悬的特磬，以青色灵璧大理石精心磨雕，在发现这件石磬的西侧有女性骨架24具，可能是殉葬的乐工。

殷墟中有许多件商代石磬，妇好墓中就有5件长条形石磬，制作比较精细，磬身上分别刻有文字和鸮纹，其中有3件，均为白色，泥质灰岩，形亦相近，

妇好 商朝国王武丁的妻子，我国历史上有据可查的第一位女性军事统帅，同时也是一位杰出的女政治家。她不仅能够率领军队东征西讨为武丁拓展疆土，而且还主持着武丁朝的各种祭祀活动。因此武丁十分喜欢她，她去世后武丁悲痛不已，追谥曰"辛"，商朝后人尊称她为"母辛""后母辛"。

可能是一套编磬。

妇好为商王武丁之妻，其墓位于安阳小屯，里面有铜器、石器、玉器、骨器、陶器等多达1000余件。尤其玉器品类繁多，玉器制造精美绝伦，集古玉器艺术之大成，象牙杯通体雕刻，并镶嵌有绿松石，是古代雕刻与镶嵌的精品，同时已出现了专门从事玉器生产的人员，称为"玉人"。

进入商代，作为赏石文化的先导和前奏，赏玉活动已经十分普及了。据史料记载：周武王伐纣时曾"得旧宝石万四千，佩玉亿有万八"。

而《山海经》和《轩辕黄帝传》则进一步指出：黄帝乃我国之"首用玉者，黄帝之时以玉为兵"。舜曾把一块天然墨玉制成玄圭送给禹。

玉器收藏，最晚始于夏商时期。由于玉产量太少而又十分珍贵，故以"美石"代之，自在情理之中。

因此，我国赏石文化最初实为赏玉文化的衍生与发展。《说文》道："玉，石之美者"，这就把玉也归为石之一类了。于是奇石、怪石后来也常跻身宝玉之列而成了颇具地方特色的上贡物品。

妇好墓中玉器的原料，大部分是新疆玉，只有 3 件嘴形器，质地近

■妇好墓玉琮

似岫岩玉，一件玉戈可能是独山玉，另有少数板岩和大理岩。

这说明商王室用玉以新疆和田玉为主，有别于近畿其他贵族和各方国首领所用的玉器，从而结束了我国古代长达两三千年用彩石玉器的阶段。

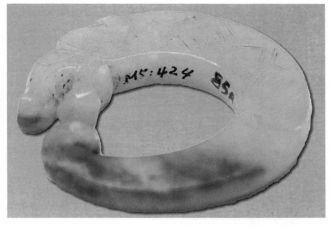

■ 妇好墓玉龙

妇好墓玉器的玉色以深浅不等的青玉为主，白玉、黄玉、墨玉极少。除王室玉之外，还有来自地方方国的玉器，如有的刻铭说明是来自"卢方"的，这反映了商王室玉和方国玉器的工艺特色。

琢玉技巧有阴线、阳线、平面、凹面、立体等手法，在一件玉器上往往有多种琢法，图案的体面处理也有变化。

妇好墓玉器的新器型有簋盘纺轮、梳、耳勺、虎、象、熊、鹿、猴、马、牛、狗、兔、羊头、鹤、鹰、鸥、鹦鹉、鸽、燕雏、鸬鹚、鹅、鸭、螳螂、龙凤双体、凤、怪鸟、怪兽以及各式人物形象等，其中有些器型尚属罕见。

妇好墓玉器的艺术特点不仅继承了原始社会的艺术传统，而且依据现实生活又有所创新，如继承了红山文化的玉龙，仍属蛇身龙系统而又有变化，头更大，角、目、口、齿更突出，身施菱形鳞纹，昂首张口，身躯卷曲，似欲腾空，形体趋于完善。

龙凤 一种典型的古代吉祥搭配，描绘龙与凤相对飞舞的画面，龙为鳞虫之长，凤为百鸟之王，都是祥瑞之物。龙凤相配便呈吉祥，习称"龙凤呈祥"。凤和龙虽然都是祥瑞之物，但二者的形象和内涵截然不同。龙形象威严而神秘，不可亲近，只可敬畏；凤象征着和美，安宁和幸福，乃至爱情，让人感到温馨、亲近、安全。

妇好墓出土的玉人

玉凤是商代的新创形式，高冠勾喙，短翅长尾，飘逸洒脱，与玉龙形成对照。玉龙、玉凤和龙凤相叠等玉雕的产生可能与巫术有关。玉象、玉虎等动物玉雕来自生活，用夸张概括的象征性手法准确地体现了动物的个性，如象的驯服温顺，虎的凶猛灵活等。

玉人是妇好墓玉器中最为珍贵的部分，如绝品跪形玉人，头戴圆箍形帽，前连接一筒饰，身穿交领长袍，下缘至足踝，双手抚膝跪坐，腰系宽带，腹前悬长条"蔽"，两肩饰臣字目的动物纹，右腿饰 S形蛇纹，面庞狭长、细眉大眼，宽鼻小口，表情肃穆。其身份是墓主人妇好还是贵妇，难以确辨。

无论是玉禽、玉兽还是玉人，均为正面或侧面的造型，这是妇好墓玉雕以至整个商代玉器的共同特点，也反映了商代以品玉为特色的赏石文化，从而为后世丰富多彩的赏石文化开了先河。

阅读链接

商朝时期为后世留下了丰富的遗物，为我国赏石文化的产生和发展提供了有力的物证，弥补了先秦文献记载之不足。

玉器时代是石器时代的进步和发展，也是石头制作技术和石头应用的全面总结和实践，并且在此基础上创造出了光辉的玉石文化。

玉器时代又是赏石文化的起始，并为赏石文化的产生和发展提供了全套的技术。

春秋战国赏石文化的缓慢发展

进入周朝时期，除了玉器在继承殷商玉器技艺方面发展的同时，以自然奇石为对象的活动方面也有所进步。

我国历史上有文字记载的这方面的事件，可以追溯到3000多年前的春秋时期。据《阚子》载："宋之愚人，得燕石于梧台之东，归而藏之，以为大宝，周客闻而现焉。"

阚子由此可以算作我国最早的石迷，也可称为奇石收藏家，相传他得燕石于梧台。梧台，即梧宫之台，在山东临淄齐国故都西北。

《太平御览》中对这件事做了较详细的记述，

■ 卞和抱璞雕像

■ 春秋战国玉器

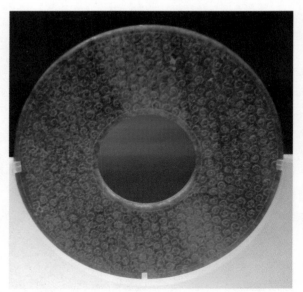

阙子得了一块燕石，视为珍宝，便用帛包了10层，放在一个里外有10层的华美箱子里。

但是，由于审美观点不同，人们对同一燕石出现了不同评价，真可谓仁者见仁，智者见智。

通过这亦庄亦谐的故事，说明先秦时期民间已有怪石的收藏活动。

春秋时期，楚国也出现了一位极为著名的奇石收藏家，就是卞和。有一次，他在荆山脚下发现一块十分珍奇的"落凤石"，于是拿去献给楚王，雕琢成"价值连城"的"和氏璧"，并经历了10个朝代、130多位帝王，1620余年，创造了奇石收藏时间最长的世界纪录。

韩非子是战国时期的哲学家，他在《韩非子·和氏》中记述了和氏璧的传奇历史：春秋时期，楚国采玉人卞和在楚山采到一块璞玉赏石，先后献给楚厉王和楚武王，但二人均无识宝之慧眼和容人之胸怀，反而轻信小人之言，颠倒是非。卞和被诬为欺君，砍去了双脚。

但是，卞和不屈不挠，当楚文王即位时再度献宝。精诚所至，金石为开，玉人理璞而得宝石，遂命名为和氏璧。

韩非子认为和氏璧之珍贵，是由其本质特征所

■ 春秋玉器

决定的，贵在天然，"和氏之璧不饰于五彩，隋侯之珠不饰以银黄，其质至美"。

一块宝石历3位君王，废卞和二足方被人认识和接受，它的出世可称为世界之奇，同时和氏璧也触发了众多历史事件。如秦王愿以十五座城池换取和氏璧，引出了蔺相如《完璧归赵》的故事。

后来秦始皇统一中国，得和氏璧，命玉工孙寿将丞相李斯手书"受命于天，既寿永昌"8个鸟虫形篆字镌刻其上，始成国玺，并雕成"方四寸兽纽，上交五蟠螭"。

春秋之际，各国王侯为娱乐享受，竞相经营宫苑，争奇斗胜，吴王夫差筑"姑苏台"，《说苑》有云："楚庄王筑层台延石千重，延壤百里。"足见当时园林已初具规模，并且院内有地形起伏变化和山石、奇物、鸟兽、层台等。

这时，还产生了我国最早的一部诗歌总集《诗经》，不仅在文学艺术，而且在赏石文化方面也具有重要价值。《诗经》记述了先人对美石的歌颂和以石为信物、以石为礼品相互赠送的情景。

秦国士子交往"投我以木桃，报之以琼瑶"。琼瑶也是美石，已

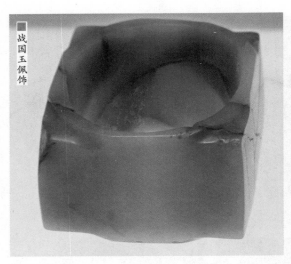

作为士子间的礼品。《诗经·栖舟》："我心匪石，不可转也。我心匪席，不可卷也。"以石托物明志。

在历史的长河中，道家与儒家对我国赏石文化具有深远影响。道家崇尚自然，无为而治的思想和儒家的仁义道德思想，都可归于天人合一的思想。天即大自然，人们由畏天到敬天，进而达到与自然的和谐统一，天人合一。

出生在三峡岸边的战国诗人屈原，也是一位奇石爱好者，在他那光照日月的诗篇中，多处写到奇石。他的帽子上嵌着明月宝璐，衣服上佩着昆仑玉英；乘的龙车是用玉石做的轮子；带的干粮是用玉石磨的精粉；在汨罗殉国时，也是抱石而投江的。

此外，他还以巫峡山顶那块奇石"神女"为象征，塑造了一位盼望情郎的美女山鬼。战国时期齐国孟尝君"以币求之"，以美石分给"诸庙以为磬"。

阅读链接

公元前206年，汉高祖刘邦得到和氏璧而使其成为传国之宝。《录异记》："岁星之精，坠入荆山，化而为玉，侧而视之色碧，正而视之色白。"

和氏璧是块宝石还是块玉石自古说法不一，据近代学者分析，有的认为是蜡长石，有的认为是月光石，尽管不能定论，这历史之谜有待于人们探讨研究，但是2400年前和氏璧的出现，对于宝石、玉石和赏石文化的认识和应用，无疑具有巨大的推动作用，并对后代的赏石文化产生了巨大影响。

秦汉魏晋时期

　　秦始皇建"阿房宫"和其他一些行宫，以及汉代"上林苑"中点缀的景石颇多。即使在东汉及三国、魏晋南北朝时期，一些达官贵人的深宅大院都很注意置石造景。

　　东汉巨富、大将军梁冀的"梁园"和东晋顾辟疆的私人宅苑都曾搜罗奇峰怪石。

　　南朝建康同泰寺前的3块景石，还被赐以三品官衔，俗称"三品石"。南齐文惠太子在建康造"玄圃"，其"楼、观、塔、宇，多聚异石，妙极山水"。

秦代封禅造景开赏石之风

　　随着社会的发展，人们对自然的认识也日益深化，原来作为自然崇拜的某些对象，渐渐被赋予某些社会属性，使自然神演化为人格神，如山神、日神等。以后又进一步被王权者宣扬、利用，而成为真正的宗教形式。

　　秦朝建立之后，秦始皇幻想使江山永固，又想长生不老，永享人间富贵荣华，所以神灵、长生不老药，对他具有强烈的诱惑力。

■ 巨型泰山石

他不辞跋涉之苦到全国各地巡视名山大川，访道问仙，登峄山、琅琊山、成山头、芝罘、蓬莱等，并封禅泰山，宣示功德。

海上仙山，是一个最美好的理想境界，由于方士的渲染，给它涂上了一层虚幻、奇妙和神秘的色彩，为历代人们执着追求。海市蜃楼和蓬莱三仙山，则成为我国传统神话中仙岛、仙域景观的典型代表。

秦朝以来，方士盛行，他们迎合秦始皇的迷信心理，极力鼓吹仙山之说。方士徐福，终于凭借其三寸不烂之舌，以长生不老药为诱饵，说服了秦始皇。

秦始皇派徐福入海寻找仙山神仙，但是泥牛入海无消息，徐福一去不返。而庙岛群岛的奇丽景色，却真有仙山之风貌。复杂的地质构造和地貌形态，孕育了丰富多彩的海边奇景。

■ 秦始皇封禅泰山浮雕

秦始皇（前259年~前210年），嬴政，嬴姓赵氏，故又称赵政，我国历史上著名的政治家、战略家、改革家，首位完成全国统一的皇帝，建立皇帝制度，中央实施三公九卿，地方废除分封制，代以郡县制，统一度量衡，把我国推向了大一统时代，对我国和世界历史产生了深远影响，被誉为"千古一帝"。

■ 泰山石玉女布浴

泰山自古被视为神山、圣山，成为天的象征和大山崇拜的典型代表，具有至高无上的形象。泰山封禅已成为一种具有象征意义的人文肯定。

然而唯泰山为五岳之宗，由于泰山雄伟高大，雄峙东方，被视为通天拔地与日月同辉，与天地共存。更以其数千年精神文化的渗透及人文景观的烘托，成为中华民族精神的缩影。汉武帝面对泰山，佩服得五体投地，赞道："大矣、特矣、壮矣、赫矣、骇矣、惑矣。"

经过神化的泰山成为古老昌盛的民族象征，也是中华民族精神的体现，是大好河山的代表，是大山崇拜的典型化和具体化。封禅活动也成了一种旷世大典。

从以上不难看出，对泰山崇拜真可谓到了无以复加的地步，这在世界赏石、供石史中也是空前绝后的。

碧霞元君又称泰山玉女，俗称泰山老母、泰山奶奶。按道家之说，男子得仙称真人，女子得仙称元君。

《岱览》记载，秦始皇封泰山时，丞相李斯在岱顶发现了一个女石像，遂称为"泰山姥姥"，并进行

李斯（约前284年~前208年），秦朝丞相，著名的政治家、文学家和书法家，协助秦始皇统一天下。秦统一之后，参与制定了秦朝的法律，完善了秦朝的制度，力排众议主张实行郡县制、废除分封制，提出并且主持了文字、车轨、货币、度量衡的统一。

了祭奠。

后世宋真宗东封时，因疏浚山顶泉池发现损伤了的石雕少女神像，遂令皇城使刘承硅更换为玉石像，封为"天仙玉女碧霞元君"，泉池则称为玉女池。

无字碑是我国最古老的巨型立石，立于岱顶之上。此石为一长方体，下宽上窄，四边稍有抹角，上承以方顶，中突，高6米，宽约1.2米，顶盖石与柱石皆为花岗石，石柱下无榫，直接下侵于自然石穴内，无基座，无装饰，通体五色彩，无文字，粗犷浑厚。

明代张岱《岱志》中说："泰山元气浑厚，绝不以玲珑小巧示人。"无字碑的造型质朴厚重，是泰山精神的象征。同时，以巨大的山石为美，也体现出当时人们在山石的欣赏上，不是崇尚玲珑剔透，而是以大为美，以壮为美，以阳刚为美的审美观点。它是我国现存最古老的一块巨形立石，也是我国立石的鼻祖。

我国传统园林中的置石，就是源于秦汉的立石形式。就内容而言，由规正石转变为自然石，以观赏为主，突出自然之美。

汉武帝刘彻于公元前110年至前89年，曾先后8次去泰山，也曾在岱顶立石。

自秦代开始，由于皇帝不断巡视天下

■泰山石

名山，多次登泰山，封禅，祭天告天，并立石刻石，以记其功德。文人学士也喜欢游山玩水，登高，因而留下了琳琅满目的碑碣、摩崖石刻，成为中华赏石文化的重要组成部分。

石鼓文系唐初在陕西陈仓发现的秦代石刻，称为我国"石刻之祖"，习称石鼓实为石碣，已有2700多年。

秦始皇统一中国后，多次巡视名山，留下众多刻石，除泰山外，还有峄山、琅琊、芝罘、东观等。秦立石、刻石，并由立石刻字演化为碑。这些石刻艺术品是文化珍品，是天然书法展览，极大地丰富了赏石文化的内容。

秦朝时，随着经济日趋繁荣，造园业得到发展，久居城里因不能享受大自然的景致，便在苑中堆山叠石，再现自然景观。

上林苑为秦旧苑，公元前212年秦始皇营建朝宫于苑中，阿房宫即其前殿。后又扩建，周围达100多千米，有离宫70所。苑中放养许多禽兽，以供皇帝射猎。

这些点缀的孤赏石和假山，不仅再现了大自然的景观，也使人们崇尚自然的要求得到满足。

阅读链接

秦汉是封建社会政治稳定、经济发达的时期，也是我国赏石文化由自然崇拜向自然神灵转变的时期，赏石除自然属性外又被赋予一定的社会属性。

同时，由于海市蜃楼的神秘莫测，引起了人们对仙山灵药的追求，致使海上仙山被定为一个理想的仙境，并在园林中可以追求，通过堆山叠石、模拟、浓缩，再现海上仙山的自然奇观，这样也为我国传统自然山水园林奠定了基础。

一池三山的园林构图形式在我国逐步形成，赏石文化也成为园林中一项专门的艺术，形成专门学科，奇石作为艺术品在园林中被广泛应用。

汉代首开供石文化之先河

到了汉代，我国的赏石文化在秦代基础上又得到很大发展。

汉武帝时扩建秦代的宫囿，在长安建章宫内挖太液池，池中作蓬莱三山。自秦汉以来，对海上仙山的追求在我国园林中影响很大，一池三山的布局手法已成为传统园林艺术特色，并历代相沿成习。

随着大量宫苑的修建，大理石这种建筑材料也被世人所认识，大理石主要用于加工成各种型材、板材，做建筑物的墙面、地面、台、柱，还常用于纪念性建筑物如碑、塔、雕像等的材料。

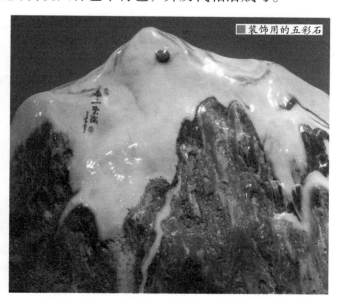

■装饰用的五彩石

在我国，大理石主要有以下几种：

云石，就是大理当地所产之石。点苍山的云石质地优良，花纹美观绮丽。在白色或淡灰色的底色上，由深灰、灰、褐、淡黄、土黄等色彩自然形成山水画，最佳者竟然如大画家所绘成一般。

《万石斋大理石谱》中曾说："此石之纹，色备五彩……尤奇者更能幻出世间无穷景物。令人不可思议。略别之可得六种：（一）山水，（二）仙佛，（三）人物，（四）花卉，（五）鸟兽，（六）鳞介。"可见云石之奇不在雨花石之下。

而且云石可大可小，就势取材，选择余地更大。后世徐霞客甚至认为立石纹画之奇"从此丹青一家皆为俗笔，而画苑可废矣"。

观赏用大理石，一般可制成围屏、屏风、插屏、挂屏等，以优质硬木如紫檀、花梨、红木制成相应之框架或插卒，嵌石其中，以便于保护及观赏。

一种蛇纹石化大理岩被称为东北绿，是很好的雕刻原料。东北绿底色白，布满密密浅绿色的蛇纹石，磨光后呈现美艳的油脂状的橄榄绿色。纹色佳者亦是观赏佳石。

贵州还有一种叫曲纹玉的乳黄色的大理岩，抛光后可见在淡淡的

■大理石树叶

乳黄底色上，分布着深黄色条纹和晶粒组成的不规则弯曲条纹。

上行下效，一些达官贵人的深宅大院和宫观寺院也都很注意置石造景、寄情物外。如东汉巨富、大将军梁冀的"梁园"中曾大量收罗奇峰怪石。

■ 蛇纹石化大理岩

"汉初三杰"之一留侯张良，在济北谷城山下发现一块黄石，十分珍爱。他生前虔诚供奉它，死后同黄石一同入葬。后人节令祭扫，祭张良，也祭黄石。

公元前2世纪，西汉张骞去西域，探明了亚洲内陆交通，沟通了东西方文化和经济联系，开辟了丝绸之路，并从西域带来玉石、石榴等特产。

相传张骞在天河畔发现一怪石，便拣了回来，让东方朔欣赏。东方朔十分聪慧，幽默地对张骞说，这不是天上织女的支机石吗？怎么会被你拣到？

这块"支机石"高2米多，宽约0.8米，头小底大，状似梭子，传说就是牛郎织女用来支承织布机的基石。

将怪石视为天上仙女之物，那自然也是具有灵性的神石了。支机石由此身价倍增，成为珍品。

《蜀中广记》则用一个传说对此做了解释：

屏风 古时建筑物内部挡风用的一种家具，所谓"屏其风也"。屏风作为传统家具的重要组成部分，历史由来已久。屏风一般陈设于室内的显著位置，起到分隔、美化、挡风、协调等作用。它与古典家具相互辉映，相得益彰，浑然一体，成为家居装饰不可分割的整体，而呈现出一种和谐之美、宁静之美。

张骞出使西域大夏时，乘木筏经过一条能通海天的大河流，无意间到达一宫殿，看见一女子在织锦，她的丈夫牵着牛饮水，就问他们："请问这里是什么地方？"

那女子说："这里不是人间，你是怎么来的？"

张骞说了来的经过，并一再追问此地情况，那女子没有直接回答，只是指着身边一块大石说，你把它带回成都，交给一个叫严君平的人，他就会告诉你详情的。

后来张骞果然回到成都并找到了严君平，得知严君平是西汉著名星相家，就将事情经过告诉了严君平。

严君平听后非常惊讶，他告诉张骞："这块石头名叫支机石，是天上织女用来支承织布机的。"

接着恍然大悟地说："怪不得八月份那天观星相时，发现一个客星在牛郎织女星座旁，原来就是你乘槎到了日月之旁！"

两人都觉非常诧异。这块支机石就一直放在成都，那条街道以后就叫"支机石街"。成都的"君平街"相传就是当年严君平的住地。

张良供奉的黄石和张骞带回的支机石，开我国供石之先河。这就说明，到了汉代，我国赏石文化已进入了发展时期。

阅读链接

张骞的支机石传说只能当神话来看，但是这块不平凡的石头究竟是怎么来的，考古学家也没有得出结论。

有的人认为是天上掉下的陨石；还有的人判断是古蜀国一个卿相的墓志石。

后来在该处建了公园，供游人观赏。牛郎织女的故事颇为世人所羡慕，该处遂成为青年男女相会和定情之处。

寄情山水的魏晋赏石文化

魏晋南北朝时期，是我国历史上战乱频繁、政局动荡的时期。一定的社会形势、经济基础产生出一定的艺术形态，魏晋南北朝的特殊社会形态，决定了多种艺术形式的转变，也由此成为赏石文化长河中一个继往开来的时代。

魏晋南北朝时期在意识形态方面，已突破了儒家独尊的正统地位，思想解放，诸家争鸣。以"竹林七贤"为代表人物，被称为"魏晋风流"。

他们反对礼教的束缚，张扬个性，寄情于山水，崇尚隐逸，探索

■ 传国玉玺

山水之美的内蕴，其特点就是崇尚老庄，旷达不羁。

此为魏晋以来形成的一种思想风貌和精神品格，表现形态上往往是服式奇特，行为上随心所欲，有时借助饮酒，纵情发泄对于世事的不满情绪，以达自我解脱，并试图远离尘世，去山林中寻求自然的慰藉，寻找清音、知音，陶醉于自然之中；或者"肆意遨游"，或者退隐田园，寄情山水。这一切为赏石文化的转变打下了理论基础。

魏晋南北朝时期是我国崇尚自然和山水情绪的发达时期。由于对山水的亲近和融合，逐渐把笼罩在自然山水上的神秘面纱掀开，由作为神化偶像转变为独立的审美对象，由对山水的自然崇拜转变为以游览观赏为主要内容的审美活动，从而促进了文学、艺术、园林、赏石等各种艺术形式的发展和转变。

这时最大的特点，就是描绘、讴歌、欣赏自然山水成为时代的风尚，在向大自然倾注真感情的过程中，努力探索山水美的内蕴。

诗人、画家进入自然之中，将形形色色的自然景观作为审视对象；独立的山水画也孕育形成，陶醉于自然山水欣赏，体悟形而上学

■奇石盆景

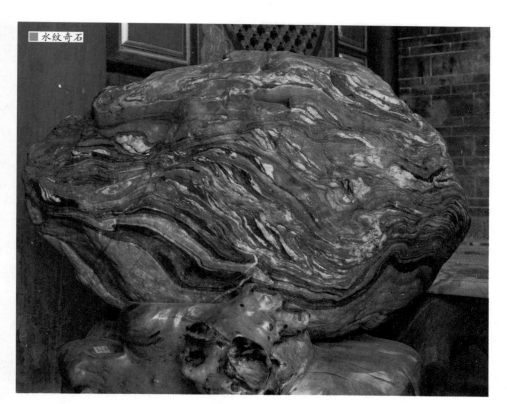

■ 水纹奇石

的山水之道。

宗炳是我国最早的山水画家，在公元430年写成《画山水序》。他一生钟情自然山水，以静虚的心态去审美山水，主张"山水以形为道"。

宗炳以名山大川作为审美和绘画对象，如《画山水序》云："身所盘桓，目所绸缪，以形写形，以色貌色。"主要强调写意、绘形，借物以言志，状物以抒情。

先秦时期儒家以自然山水比拟道德品格，山水被赋予一种伦理象征色彩，魏晋南北朝时期则完全冲破了"比德"学说的范畴，全面反映出人们对自然美认识的深化和普及，形成这个时期的包括赏石文化在内的大众审美特点。

山水诗和绘画一样蓬勃兴起。谢灵运是我国山水诗的开创者，"山水藉文章以显，文章亦凭山水以传"。他在《泰山吟》中写道：

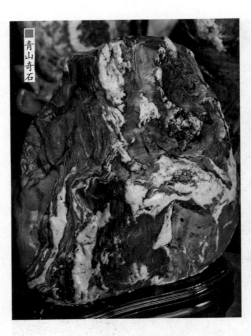
青山奇石

岱宗秀维岳，崒刺云天。
岽嵝既嵚巇，触石辄芊绵。

诗中从游览角度出发，写出了具有神话色彩的泰山石的特点。

在民间赏石的基础上，到了魏晋时期逐渐形成一定的规模。当时流行石窟雕琢，园林石进入到庭院，著名诗人陶渊明酒后常醉卧一块巨石上，后人将此石称为"醉石"，宋人程师孟作诗道：

万仞峰前一水傍，晨光翠色助清凉。
谁知片石多情甚，曾送渊明入醉乡。

这是文人最早题名的石头，描述了秀丽宜人的山水风光，表达了对石头的钟爱之情，因此才有了陶渊明伴着石头喝酒入睡的传说。

从陶渊明老宅过大道行约一里地有座山，顺坡而上，见绿荫环抱中有一亭，亭上匾额书"醉石亭"3字，转过一个山坳，一块大石突现眼前，就是名闻天下的陶渊明醉石。

醉石上方山泉汩汩流淌形成小溪，这就是清风溪。溪水在大石旁汇成池塘，就是濯缨池。屈原《渔夫》说："沧浪之水清兮，可以濯我缨。沧浪之水浊兮，可以濯我足。"濯缨当出此处，有高洁之意。

醉石长3米余，宽、高各2米。醉石壁上有1050年欧阳修等3人联名题刻。绕到醉石后面，有碎石可助攀登。醉石平如台，遍布题刻诗文，醉石上面左下方有朱熹手书"归去来馆"4个大字。大字上方有一行小字，为嘉靖进士郭波澄《题醉石》诗：

渊明此醉石，石亦醉渊明。

千载无人会，山高风月清。

石上醉痕在，石下醒泉深。

泉石晋时有，悠悠知我心。

五柳今何在，孤松还独青。

若非当日醉，尘梦几人醒。

《南史》中甚至记载，陶渊明"醉辄卧石上，其石至今有耳迹及吐酒痕"。

尤其值得一提的是，奇石之称谓也始于那个年代。南齐时，文惠太子在建康造"玄圃"，《南齐书》记载园内"起出土山池阁楼观塔宇，穷奇极力，费以千万。多聚奇石，妙极山水。"奇石一词在这里首次出现。

再如东晋名士、平北将军参军顾辟疆，在苏州西美巷的私家园林中收罗了许多奇峰怪石，成为当地之盛景。此为史载第一例苏州私人园林。

相传书法家王献之自会稽经过苏州，听说了这个名园，直接来访之。王献之与顾辟疆不相识。王献之

■ 未经加工的奇石

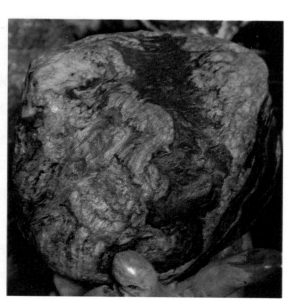

■ 山水画面石

王献之（344年～386年），东晋书法家、诗人，以行书和草书闻名后世。王献之幼年随父羲之学书法，兼学张芝。书法众体皆精，尤以行草著名，敢于创新，为魏晋以来的今楷、今草做出了卓越贡献，在书法史上被誉为"小圣"，与其父并称为"二王"。

来时，正遇上顾辟疆招集宾友酣宴。王献之入园游赏奇石及风景，旁若无人。顾辟疆勃然变色，竟然将王献之赶了出去。

辟疆园至唐宋时尚存。唐陆龟蒙《奉和袭美二游诗任诗》："吴之辟疆园，在昔胜概敌。前闻富修竹，后说纷怪石。"宋计有功《唐诗纪事陆鸿渐》："吴门有辟疆园，地多怪石。"

梁代时，建康同泰寺，即今南京市鸡鸣寺前，有4块奇丑无比、高达丈余的山石供置，被赐封为三品，俗称三品石。千年之后此石辗转落入清代诗人袁枚手中。

六朝的山水文化，从自然山水已经向园林文化迈进。北魏杨衒之《洛阳伽蓝记》，载当朝司农张伦在洛阳的"昭德里"："伦造景阳山，有若自然。其中重岩复岭，嵚崟相属，深蹊洞壑，逦递连接。"张伦所造石山，已有相当水准。

晋征虏将军石崇在《金谷诗序》中描绘自己的"金谷园"："有别庐在河南界金谷涧中，或高或下。有清泉茂林，众果竹柏，药草之属。又有水碓、鱼池、土窟，其为娱目欢心之物备矣。"清泉、礁石、林木、洞窟俱全，已具有园林模样。

东晋书圣王羲之《兰亭集序》：记"此地有崇山峻岭，茂林修竹，又有清流激湍，映带左右。引以为流觞曲水，列坐其次。""兰亭"为公共园林，自有其特殊价值。

谢灵运在《山居赋》中讲述自己的"始宁别业"："九泉别澜，五谷异巘，群峰参差出其间，连岫复陆成其阪。""路北东西路，因山为障。正北狭处，践湖为池。南山相对，皆有崖谷，东北枕壑，下则清川如镜。"这里已是尽山水之美的晋宋风韵了。

南北朝时，也有了非常兴盛的赏石活动。尤其从这时起，雨花石进入了观赏石的行列。

雨花石形成于距今250万年至150万年之间，是地壳下的岩浆从地表喷出，四处流淌，凝固后留下孔洞，涓涓细流沿孔洞渗进岩石内部，将其中的二氧化硅慢慢分离出来，逐渐沉积成石英、玉髓和燧石或蛋白石的混合物。

雨花石的颜色和花纹，则是在逐渐分离、不断沉积成无色透明体二氧化硅过程中的夹杂物而已。

雨花石中的名品如"龙衔宝盖承朝日"，该石粉红色，

王羲之（303年~361年，一作321年~379年），字逸少，号澹斋，琅琊临沂人。东晋书法家，兼善隶、草、楷、行各体，精研体势，广采众长，冶于一炉，摆脱了汉魏笔风，自成一家，影响深远，创造出"天质自然，丰神盖代"的行书，被后人誉为"书圣"。其中，王羲之书写的《兰亭集序》为历代书法家所敬仰，被称作"天下第一行书"。

■ 黄色雨花石

如丹霞映海，妙在石上有二龙飞腾，龙为绿色，且上覆红云，顶端呈白色若玉山，红云之中尚有金阳喷薄欲出状。

再如"平章宅里一阑花"，该石五彩斑斓，石上有太湖石一峰、洞穴玲珑，穴中映出花叶，上缀红牡丹数朵，花叶神形兼备。

而雨花名石"黄石公"则呈椭圆形，黄白相间，石之一端生出一个"公"字，笔画如书，似北魏造像始平公的"公"字，方笔倒行。

南北朝时，桂林称始安郡，颜延之任当地最高行政长官太守，留下了"末若独秀者，峨峨郛邑间"的诗句赞美桂林奇石，后来"独秀峰"因此而得名。

我国古代赏石文化，真的萌芽于魏晋南北朝时期文人士大夫阶层的山岳情节，是脱俗的、远离金钱利益的精神冥思与寄托。

这一时期赏石文化作为独立的文化分支开始萌芽，赏石文化所需要的文化内涵已初步形成。

阅读链接

"孤寂之赏石，赏石之孤寂"，这是魏晋以来我国古代文人士大夫流传下来的一种精神寄托，这是"魏晋风骨"的一种内在体现。

魏晋南北朝时期的赏石文化萌芽，为我国古代赏石文化的发展准备好了文化方面的充分营养，在此后历代的文人赏石活动中，"魏晋风骨"的人文精神一直是赏石家们所追寻的精神内涵。

隋唐五代时期

隋唐时期是继秦汉之后又一个昌盛时期。思想活跃，百家争鸣，儒、道、佛三教并举，互补互尊，并为赏石文化创造了物质基础和文化条件。

五代是我国历史上又一个大动荡时期，从整体上看，赏石文化资料并不丰富，但也有可观之处。

李煜的砚山具有重要功能，既是小型观赏石的代表，又是赏石承前启后，进入文房案头的开端，开启了北宋以后"文人石"赏玩的先河，其象征意义巨大而深远。

昌盛发展的隋唐赏石文化

　　隋唐时期是我国历史上继秦汉之后又一社会经济文化比较繁荣昌盛的时期，也是我国赏石文化艺术昌盛发展的时期。

　　隋朝虽只有短短的37年，但在赏石方面丝毫没有停步。隋炀帝杨广沿运河三下江南，收寻民间的奇石异木。

　　隋朝的洛阳西苑具有很大规模，《隋书》记载：

假山奇石

西苑周二百里，其内为海，周十余里，为蓬莱、方丈、瀛诸山，高百余尺，台观殿阁，罗络山上。海北有渠。萦纡注海，缘渠作十六院，门皆临渠，穷极华丽。

隋唐时期的赏石艺术，开始有意识地在园林中融糅诗情画意。观赏石已被广泛应用，假山、置石造景在造园实践中得到很大发展。

当时，众多的文人墨客积极参与搜求、赏玩天然奇石，除以形体较大而奇特者用于造园、点缀之外，又将"小而奇巧者"作为案头清供，复以诗记之，以文颂之，从而使天然奇石的欣赏更具有浓厚的人文色彩。

■桂州奇石

唐朝的赏石文化非常普遍，唐朝前期，由于太宗李世民、女皇武则天、玄宗李隆基等人的文韬武略，从中更展现出一派大唐盛世的景象。

639年，唐太宗李世民寿诞，得到桂州刺史送给他一块"瑞石"作为寿礼，此石有奇文"圣主大吉，子孙五千岁"字样，唐太宗见了此石，非常高兴，向大臣李靖称赞桂林的奇石说：

> 碧桂之林，苍梧之野，大舜隐真之地，达人遁责之乡，观此瑞文，如符所兆也，公可亦巡乎？

事后，唐太宗派李靖到桂林，授李靖为岭南抚尉使、检校桂州总管。李靖到桂林后，在桂林七星岩普

李世民（599年~649年），唐朝第二位皇帝，不仅是著名的政治家、军事家，还是一位书法家和诗人。登基后，开创了著名的贞观之治，他虚心纳谏，厉行俭约，轻徭薄赋，使百姓休养生息，各民族融洽相处，国泰民安，被各族人民尊称为天可汗，为后来唐朝全盛时期的开元盛世奠定了重要基础，为后世明君之典范。

阎立本（约601年~673年），唐代画家兼工程学家。其绘画艺术，先承家学，后师张僧繇、郑法士。阎立本具有多方面的才能。他善画道释、人物、山水、鞍马，尤以道释人物画著称，在艺术上继承南北朝的优秀传统，认真切磋并且加以吸收和发展。因而被誉为"丹青神化"，从而为"天下取则"，在绘画史上具有重要地位。

陀山，找到出"瑞石"的地方，并上奏朝廷，李世民敕命建庆林观，并御书"庆林观"匾额。后来庆林观发展为我国南方名刹之一，且高僧云集，游人如织。

唐太宗时大画家阎立本所作《职贡图》中，几名番人将几方修长玲珑的奇石或捎或捧，这是异域贡石的图景。此外，唐章怀太子墓壁画中，也有宫女手捧树石盆景的画面。

唐人嗜石成癖，有的甚至倾家之产网罗奇石。据《李商隐集》载，荥阳望族郑瑶外任象江太守3年，所得官俸60万钱全部用于收购象江奇石，"及还长安，无家居，妇儿寄止人舍下"。

一代女皇武则天即位后迁都洛阳，中宗李显复辟迁回长安，至此大唐两都制贯穿全唐。武则天不仅精于权术，也十分喜欢观赏石艺术，在洛水得一瑞石，刻有"圣母临人，永昌帝业"8个字，封号为"宝图"，并虔诚地供于殿堂之上。

当时，园林是在城市"中隐"的憩所，文人士大夫甚至亲自参与园林规划设计。在这种社会风尚影响下，士人私家园林兴盛起来。

据史载："唐贞观开元之间，公卿贵戚开馆列第东都者，号千有

■十分珍贵的瑞石

余所。"中晚唐东都造园更是难以计数。造园模拟山水，所需奇石甚巨，加以文人吟咏其间，赏石文化空前繁荣起来。

■ 柱形太湖石

唐朝首都长安的街区称"坊"，东都洛阳的街区称"里"。唐太平公主园林"山池院"在长安兴道坊宅畔。诗人宋之问《太平公主山池赋》，对园中叠石为山的形态以及山水配景，都有细致描写：

　　其为状也，攒怪石而嵌岩。其为异也，含清气而萧瑟。列海岸而争耸，分水亭而对出。其东则峰崖刻画，洞穴萦回。乍若风飘雨洒兮移郁岛，又似波浪息兮见蓬莱。图万里于积石，匿千岭于天台。

这是长安皇族园林的奢华，奇石叠山的规模如此宏大。

唐代山水文学发达，促进了文人园林兴起，赏石文化也随之繁盛。柳宗元贬永州修造园林，有《钴鉧潭西小丘记》说：整修后"嘉木立，美竹露，奇石显"。将园林意境分成两大类："旷如也，奥如也，如斯而已。"把开阔旷远与清幽深邃的意境展现出来。

柳宗元总结出"逸其人，因其地，全其天"的"天人合一"的造园原理。

柳宗元"以文造园"的思想，对园林及赏石文化的发展，都是宝贵的财富。

中晚唐的白居易、柳宗元、裴度、李德裕、牛僧孺等人，都是一代士子的精英，又是文人官僚的代表。他们在园林的泉壑美石中得到精神慰藉和寄托。

李德裕和牛僧孺家道败落后，园中奇石散出，凡刻有李、牛两家标记的石头，都是洛阳人的抢手物。从中可见文人赏石的深远影响。

唐代赏石除山形外，动物、人物、规整、抽象等形态的奇石也经常出现，展现出唐代赏石文化的丰富多彩。

"君子比德于玉"是我国人格取向的标榜。李德裕《题奇石》："蕴玉抱清辉，闲庭日潇洒。"白居易《太湖石》："轻敲碎玉鸣"，都是以玉比石，喻君子品德。

文人还经常以石直接比喻高尚的人格。李德裕在《海上石笋》中提到："忽逢海峤石，稍慰平生意。何以慰我心，亭亭孤且直。"

诵读以石喻德诗文，从中能够感到凛然正气、君子高德、文人风骨，依然是六朝遗风的延续。

阅读链接

隋唐文人学士十分活跃，名山成为文人游赏和宗教活动场所，游览之中"触景生情，借题发挥"，记为诗文以激千古，从而促进了诗歌、音乐、绘画、园林、山石的发展，也涌现出李白、白居易、柳宗元等一批著名诗人、文学家和赏石者。

白居易不仅有许多的赏石诗文，他还曾记述了好友牛僧孺因"嗜石"而"争奇聘怪"，以及"奇章公"家太湖石多不胜数而牛氏对石则"待之如宾友，亲之如贤哲，重之如宝玉，爱之如儿孙"的情形，接着称赞了牛僧孺藏石常具"三山五岳、百洞千壑……尽缩其中；百仞一拳，千里一瞬，坐而得之"的妙趣。

在白居易眼里，牛僧孺实为唐代第一藏石、赏石大家。

五代李煜的砚山赏石文化

907年，朱温灭唐称帝建后梁，建都开封汴梁，历经梁、唐、晋、汉、周，史称五代。与此同时，还有其他10个国家分布在大江南北，统称为"五代十国"。

■黄朦金蟾苴却砚

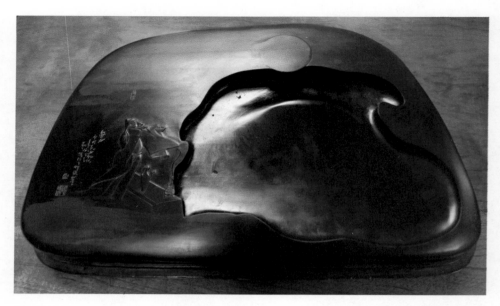

天然的奇石

■ 歙县龙尾砚

李煜（937年～978年），史称李后主，五代十国时南唐国君，字重光，初名从嘉，号钟隐、莲峰居士。李煜虽不通政治，但其艺术才华横溢，工书善画，能诗擅词，通音晓律，被后人千古传诵的一代词人；他精于书画，谙于音律，工于诗文，词尤为五代之冠。李煜在词坛上留下了不朽的篇章，被称为"千古词帝"。

五代是我国历史上一个大动荡时期，我国山水文化中的山水绘画，始创于晋宋时期的代表人物宗炳。

五代是我国山水绘画的成熟期，北方画派以荆浩、关仝为代表，南方画派以董源、巨然为代表。五代的山水绘画，对后世山水绘画以及山水文化影响绵延不绝，也从中感悟到我国特有的园林艺术及景观赏石的审美取向。

尤其是，五代十国时期的南唐后主李煜对奇石特别钟爱。他不仅以词章冠绝古今，对我国赏石文化也是贡献至伟。

"文房"即"书房"，这个概念始于李煜。后来李之彦在《砚谱》中说："李后主留意笔札，所用澄心堂纸、李廷珪墨、龙尾石砚，三者为天下之冠。"

龙尾砚又称歙石砚，其石产地在南唐辖区龙尾山，李煜对歙石砚的开采与制作不遗余力，并任命李少微为砚务官，所制南唐砚为文房珍品。

李煜留有"海岳庵"和"宝晋斋"两座砚山石，为灵璧石与青石制成，皆出自李少微之手。

砚山又称"笔格""笔架"，依石之天然形状，中凿为砚，刻石为山，砚附于山，故称"砚山"。砚山是架笔的文房用品，制作精巧的砚山，也属文房赏石的范畴。

这座"海岳庵"灵璧石砚山，径长不过咫尺，前面参差错落地耸立着状如手指大小的36峰，两侧倾斜舒缓，其势如丘陵连绵起伏，中间有一平坦处，金星金晕闪烁，自然排列成龙尾状。放眼望去：群峰叠翠，山色空蒙，曲流回环，波光潋滟，既有黄山之雄奇，又具练江之俊俏，可谓巧夺天工。

南唐经李昇、李璟、李煜三帝，论治国平天下，一代不如一代，论文学才华，则一代更胜一代。

精擅翰墨的李煜，对文房四宝的笔、墨、纸、砚大为青睐。南唐建都金陵，所辖歙州等35州，龙尾石产地在辖区之内，李璟、李煜父子雅好文墨，对砚石开采自然不遗余力。

李少微所制南唐御砚，流传甚少。欧阳修曾从王原叔家偶得一方。

李煜收藏的"海岳庵"和"宝晋斋"这两座史上罕见的宝石砚山，宋蔡京幼子蔡绦《铁围山丛谈》中曾做过详细记载：

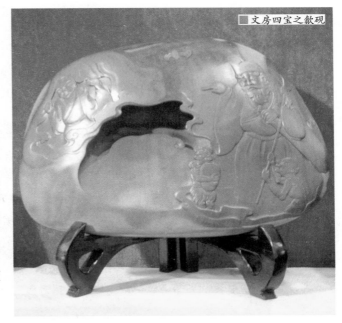

■文房四宝之歙砚

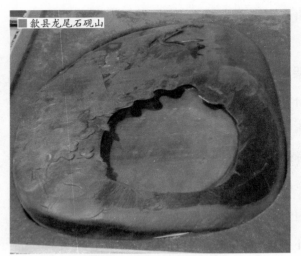
■歙县龙尾石砚山

江南后主宝石砚山，径长逾尺咫，前耸三十六峰，皆大如手指，左右引两阜坡，而中凿为研。及江南国破，砚山因流转数十人家，为米元章所得。

米元章即米芾，后来他又用龙尾"海岳庵"宝石砚山与苏仲恭学士之弟苏仲容交换甘露寺下的海岳庵。米元章即失砚山，曾赋诗叹道："砚山不复见，哦诗徒叹息，唯有玉蟾蜍，向余频滴泪。"这方砚山后来被宋徽宗索入宫内，藏在万岁洞砚阁内。

元代此砚山为台州戴氏所得，戴氏特请名士揭傒斯题诗："何年灵璧一拳石，五十五峰不盈尺。峰峰相向如削铁，祝融紫盖前后列。东南一泓尤可爱，白昼玄玄云生霭。"

李煜走了，却给后人留下"词帝"的美名，留下凄婉的爱情故事，留下龙尾美石，留下流传千古的砚山传奇。

阅读链接

欧阳修于1031年得到龙尾"海岳庵"砚后，一直带在身边。1051年，欧阳修作《南唐砚》文，并于砚背刻铭。1792年，乾隆进士、书法家铁保得此砚，在砚边作铭。翌年铁保请书法家翁方纲在砚盒盖上作铭。

清梧州太守永常藏有一方英石砚山。长5寸，高2寸。但峰峦挺拔，岩洞幽深，玲珑剔透，且无反正面之分，至为奇观。

宋元历史时期

　　宋朝是我国封建社会大发展的时期，赏石文化同其他文化现象一样，达到鼎盛时期，文人雅士提出了观赏石的审美原则，从美学角度审视观赏石；将观赏石以谱的形式记录下来，使得今人深入了解观赏石文化。

　　元朝时期，南宋遗民隐居在城市、乡村、山林之中，以研究传承文化为乐事，促进了民间文艺及赏石文化蓬勃发展。

　　元代赏石在民间发展，陈列于文房，具备峰峦沟壑的小型石最受欢迎。

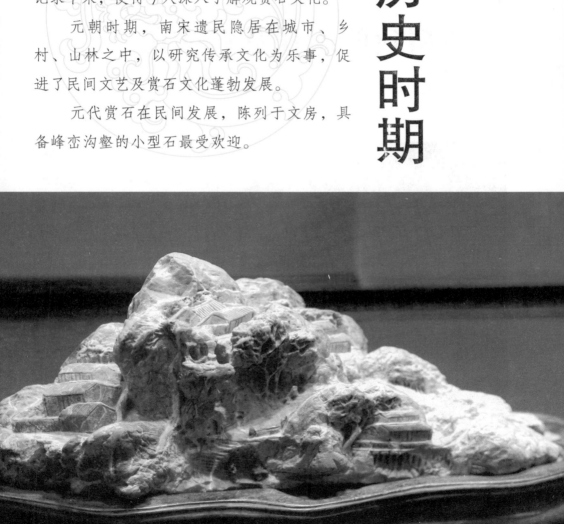

清新精致的宋代赏石文化

巨型奇石

960年，宋太祖赵匡胤建立北宋，建都开封，改名东京。由于宋朝一直是文官掌重权，这是文化大繁荣的重要因素，因此在中华民族数千年文化史中，两宋尤为突出，中唐至北宋，也是我国文化的重要转折点。

这种文化至宋徽宗赵佶时达到顶峰，文风更加清新、精致、小巧、空灵、婉约。影响到诗歌、绘画、园林等各个方面，赏石文化自然也在其中。

宋代传承了中唐的园林赏石而更精致，传承南唐的文房而形成文房清玩门类。佛教衍生出完全汉化的禅宗，它的"梵我合一"与老庄的"崇尚自然"，使士大夫心中的自然之境与禅境融为一体，更加重视形外之神、境外之意。

宋郭熙《林泉高致》论远景、中景、近景之说，近景中的高远、深远、平远之分，更加丰富了景观石欣赏的内涵。五代、北宋的山水画在崇山峻岭、溪涧茂林中，常有茅舍、高隐其间，反映出士子的理想境界。

宋徽宗赵佶是我国历代帝王中艺术素养最高的皇帝，也是我国历史上最大的赏石大家，他主持建造的"艮岳"，是古今最具规模的奇石集大成者。

赵佶即位天子，一位道士上奏称，汴梁城东北方位是八卦艮位，垫高此地，皇家子嗣就会人丁兴旺。赵佶立即命人垫地，果然不久王皇后生下皇子。

得了皇子的赵佶相信，若在此地建一座园林，国家必将更加兴盛，于是1111年，"艮岳"工程开始。1117年，赵佶又命户部侍郎孟揆，于上清宝箓宫之东筑山，号称"万岁山"，因其在宫城东北，据"艮"位，即更名为"艮岳"。

灵璧石玉兔望月

■ 太湖石独乐峰

1122年完工，因园门匾额题名"华阳"，故又名"华阳宫"。

赵佶还亲笔绘制《祥龙石图》，卷后《题祥龙石图》诗序道："祥龙石，立于环碧池之南，芳州桥之西，相对则胜瀛也。其势腾涌，若虬龙出为瑞应之状，奇容巧态，莫能具绝妙而言之也。"

"艮岳"甫成，赵佶亲自撰写了《艮岳记》，以颂盛景：万岁山以太湖石、灵璧石为主，均按图样精选："石皆激怒抵触，若蹲若啮，牙角口鼻，首尾爪距，千态万状，殚奇尽怪。……雄拔峭峙，巧夺天工。"

并道"左右大石皆林立，仅百余株，以'神运'、'敷文'、'万寿'峰而名之。独'神运峰'广百围，高六仞，锡爵'盘固侯'，居道之中，束石为亭以庇之，高五十尺。……其余石，或若群臣入侍帷幄，正容凛若不可犯，或战栗若敬天威，或奋然而趋，又若伛偻趋进，其怪状余态，娱人者多矣。"

祖秀《华阳宫记》记载了赵佶赐名刻于石者百余方。综合各种资料，"艮岳"的叠山、置石、立峰实难数计，类别用途各有所司，而形态也是千奇百怪。

《癸辛杂识》说："前世叠石为山，未见显著者，至宣和，艮岳始兴大役。……其大峰特秀者，不特封侯，且各图为谱。"

帝王对奇石造园如此重视，使"艮岳"成为当时规模最大、水平最高的石园，对宋代以及后世的赏石和园林艺术的发展，都有很大的启发和影响。

在皇帝的带动下，私人园林纷纷出现。独乐园为司马光在洛阳修建的一座园林，以小巧简朴而著称。苏东坡有一诗称赞道：

青山在屋上，流水在屋下，
中有五亩园，花竹秀而野。

同时，文人园林更如雨后春笋般相继建成。李格非于1095年写成《洛阳名园记》，他在文中明确提出园林的兴废是经济盛衰的象征，"园圃之兴废，洛阳盛衰之候也。"

北宋以洛阳为西京，为历代公卿贵族云集、园林荟萃之地，许多名园都是在唐代旧园的基础上重新修建的。李格非亲自游览、考证，仔细

■ 假山遗石

苏轼（1037年~1101年），北宋文学家、书画家。字子瞻，号东坡居士。他学识渊博，天资极高，诗文书画皆精。与欧阳修并称"欧苏"，为"唐宋八大家"之一；艺术表现独具风格，与黄庭坚并称"苏黄"；词开豪放一派，对后世有巨大影响，与辛弃疾并称"苏辛"；书法擅长行书、楷书，与黄庭坚、米芾、蔡襄并称"宋代四大家"。

■ 奇石蛋白石

品赏，并且以十分精辟的鉴赏力对众多园中的19个名园做了较详尽的介绍、评价。

李格非写道："洛人云，园圃之胜者，不能相兼者六，务宏大者少幽邃，人力胜者少苍古，多水泉者难眺望。兼此者唯湖园而已。"

湖园以湖水为主，湖中有洲，洲上建堂，名四并堂。四并堂者，取谢灵运"天下良辰，美景，赏心，乐事，四者难并"之意。私家园林引水凿池，堆石掇山，对赏石文化具有很大的推动作用。

两宋承袭了南唐文化，文房清玩成为文人珍藏必备之物，鉴赏之风臻于极盛，苏轼、米芾等文人均精于此道，发展成专门学问。

与此同时，我国汉唐以来席地而坐的习俗，逐渐被垂足而坐所代替，两宋几、架、桌、案升高而制式成形。这些都为赏石登堂入室创造了条件。

这一时期，不仅出现了如米芾、苏轼等赏石大家，司马光、欧阳修、王安石、苏舜钦等文坛、政界名流都成了当时颇有影响的收藏、品评、欣赏奇石的积极参与者。

苏轼是北宋文坛的一代宗师，兼有唐人之豪放、宋人之睿智，展现出幽默诙谐的个性、洒脱飘逸的风节、笑对人世沧桑的旷达，是我国士人的极致。

苏轼阅石无数、藏石甚丰，留下众多赏石抒怀的诗文，对宋代以及后世赏石文化的发展启示良多。

1080年，苏轼到达黄州。1081年春，经友人四处奔走，终于批给苏轼一块废弃的营地。于是他带领全家早出晚归开荒种田，吃饭总算有了着落。

■太湖石莲花峰

苏轼这块荒地在黄州东门之外，于是将其取名"东坡"，自号"东坡居士"。第二年，苏轼在东坡这块地方修筑了一座5房的农舍，因正值春雪，遂取名"雪堂"。

黄州城西北长江之畔，有座红褐色石崖，称为赤壁。赤壁之下多细巧卵石，有红、黄、白等各种颜色，温润如玉，石上纹理如人指螺纹，精明可爱。

苏轼《怪石供》中说："齐安小儿浴于江，时有得之者。戏以饼饵易之，即久，得二百九十有八枚，大者兼寸，小者如枣、栗、菱、芡。其一如虎豹，首有口鼻眼处，以群石之长。又得古铜盆一枚，以盛石，挹水注之璨然。"

正好庐山归宗寺佛印禅师派人来问候，苏轼就将这些怪石送给了佛印禅师。但随后他又搜集了250方怪石。诗僧参廖是"雪堂"的常客。谈及怪石一事，苏轼笑道："你是不是也想得到我的怪石啊？"

于是苏轼将剩余的怪石分为两份赐予参廖一份，也就有了《后怪石供》美文。

不离不弃的好友、赤壁的绝古，还有那美丽的石头，都给予苦难中的苏轼莫大的慰藉。

1082年，米芾赴黄州雪堂拜谒苏轼，米芾在《画史》中详细记叙了这次会面的情景："子瞻作枯木，枝干虬曲无端，石皴硬亦怪怪奇奇无端，如其胸中盘郁也。"

苏轼的《古木怪石图》是极为珍贵的北宋赏石形象资料，其中蕴藏着多种内涵。

苏轼曾言："石文而丑"，怪丑之石有其独特的赏石审美取向，《古木怪石图》引领文人独特的审美情趣。

46岁的苏轼遭诬陷贬到了黄州，那已是第三个年头了，借"怪怪奇奇"之石抒"胸中盘郁"，以石抒怀是苏轼经常用来解闷的好方法。

《怪石供》中多有赏石心得："凡物之丑好，生于相形，吾未知其果安在也。使世间石皆君此，则今之凡石复为怪。"

美丑怪奇之石皆有其形。色，红黄白色丰富多彩。质，与玉无辨晶莹剔透。纹，如指纹多变精明可爱。以古盆挹水养石，以净水注石为佛供，清净与佛理相通，应为苏东坡首创。

花园太湖石

1084年，苏轼离黄州北上，1085年正月来到宿州灵璧。6年前，苏轼在这里写下《灵璧张氏园亭记》，故地重游，不胜唏嘘。

黄庭坚在北宋诗坛上与苏轼并称"苏黄"，系苏门四学士之首、青年学子的导师、江西诗派的缔造者。其书法被誉为宋四家之一。

黄庭坚对文房石尤为青睐。他曾在好友刘昱处得到一方洮河绿石砚，感慨之余即兴赋诗：

■ 雪纹奇石

> 久闻岷石鸭头绿，可磨桂溪龙文刀。
> 莫嫌文吏不知武，要试饱霜秋兔毫。

好友王仲至曾送给黄庭坚一方洮河黄石砚，他就写诗谢答：

> 洮砺发剑虹贯日，印章不琢色蒸栗。
> 磨砻顽钝印此心，佳人诗赠意坚密。

黄庭坚还将一方洮河石砚赠给同为苏门四学士之一的张耒。张耒有诗称颂："谁持此砚参几案，风澜近乎寒秋生。"

黄庭坚（1045年～1105年），字鲁直。北宋诗人、词人、书法家，为盛极一时的江西诗派开山之祖，而且，他跟杜甫、陈师道和陈与义素有"一祖三宗"之称。诗歌方面，他与苏轼并称为"苏黄"；书法方面，他则与苏轼、米芾、蔡襄并称为"宋代四大家"。

1086年，黄庭坚赠予苏轼一方洮砚，苏轼作《鲁直所惠洮河石砚铭》以答谢。

1094年，黄庭坚赐知宣州，即今安徽宣城。当时他正在老家分宁居母丧，后在赴任途中过婺源进龙尾山考察歙砚，留下著名诗篇《砚山行》。

《砚山行》说："其间有时产螺纹，眉子金星相间起。"螺纹、眉子、金星都是龙尾石妙美的纹理，也是文人雅士的挚爱。

《砚山行》以白描手法，生动全面地将龙尾山砚石坑的地理环境、砚石品种、居民状况、砚石开采以及砚石品质等方面都作了详细论述，对歙砚的传播、研究与发展都居功至伟。

砚山自南唐李煜起始。南唐遗物尽入宋，其中那两方有名的"海岳庵"和"宝晋斋"为米芾所得，其辗转传承为古今奇闻。

砚山奇石在我国赏石历史上具有承前启后的重要地位，它是取其自然平底、峰峦起伏又有天然砚池的天然奇石，作为砚台的别支，一般大不盈尺，而灵璧石、英石一类质地大都下墨而并不发墨，所以砚山纯粹是作为一种案头清供。

■ 环形灵璧石

宋代赏石文化的最大特点是出现了许多赏石专著，如杜绾的《云林石谱》、范成大的《太湖石志》、常懋的《宣和石谱》、渔阳公的《渔阳石谱》等。

杜绾的《云林石谱》，是我国最早、最全、最有价值的石谱，其中涉及各种名石116种，并各具生产之

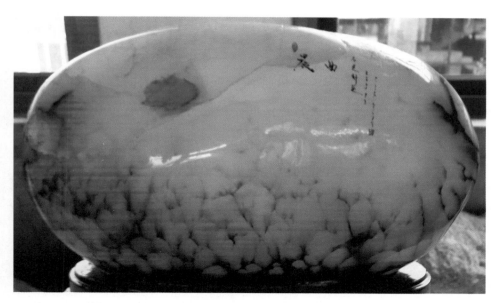

■ 明月图案奇石

地、采取之法，又详其形状、色泽而品评优劣，对各种石头的形、质、色、音、硬度等方面，都有详细的表述。这部奇石学巨著，是宋人对我国赏石文化的贡献，对后世影响巨大而深远。

杜绾字季阳，号云林居士，出生于世家，祖父杜衍北宋庆历年间为相，封祁国公，父亲也为朝中重臣，姑父是著名文学家苏舜钦。

由于家学渊源，杜绾自幼博览群书，游历山川，对奇石瑰宝尤为喜爱。将收集的奇石，按品位、产地、润燥、质地等各项分类编辑，成为足以传世的《云林石谱》。

《云林石谱》分上、中、下3卷，《灵璧石》列于上卷首篇："宿州灵璧县，地名磬石山。石产土中，采取岁久。穴深数丈，其质为赤泥渍满。……扣之，铿然有声。"

宋王明清《挥尘录》记载："政和年间建艮岳。

范成大（1126年～1193年），字致能，号石湖居士。南宋诗人。从江西派入手，后学习中、晚唐诗，继承了白居易、王建、张籍等诗人和新乐府的现实主义精神，终于自成一家。风格平易浅显、清新妩媚。他的诗题材广泛，以反映农村社会生活内容的作品成就最高。与杨万里、陆游、尤袤合称南宋"中兴四大诗人"。

天然的奇石

杜绾 生卒年不详，京兆万年人，724年甲子科状元及第，735又登王霸科，官至京兆府司录参军，不显而终。杜家世代为官，入相者达11人。其子杜黄裳，于宪宗朝为相，封邠国公。杜绾所撰写的《云林石谱》，是我国古代最完整、最丰富的一部石谱。

奇花异石来自东南，不可名状。灵璧贡一巨石，高二十余尺。"

宋《宣和别记》也记载："大内有灵璧石一座，长二尺许，色清润，声亦泠然，背有黄金文，皆镌刻填金。字云：宣和元年三月朔日御制。"

《西湖游览志余》又记载："杭省广济库出售官物，有灵璧小峰，长仅六寸，玲珑秀润，卧沙、水道、裙折、胡桃文皆具。徽宗御题八小字于石背曰：山高月小，水落石出。"

《云林石谱·太湖石》："平江府太湖石产洞庭水中，性坚而润，有嵌空穿眼宛转崄怪势。一种白色，一种色青而黑，一种微青。其质纹理纵横，笼络隐起，于石面遍多坳坎，盖因风浪冲激而成，谓之'弹子窝'。扣之微有声。"

而《昆山石》中则说："平江府昆山县石产土中。多为赤土，积渍，即出土，倍费挑剔洗涤。其质

■ 虎纹形奇石

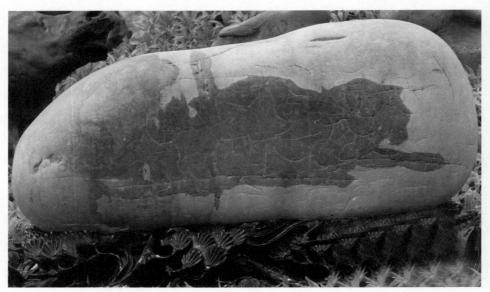

磊魂，巉岩透空，无耸拔峰峦势，扣之无声。"昆石产于江苏昆山市马鞍山，自古以来为四大名石之一，甚为名贵。

《云林石谱》中涉及石种范围广达当时的82个州、府、郡、县和地区。其中有景观石、把玩石、砚石、印石、化石、宝玉石、雕刻石等众多门类。对各种石头的形、质、色、纹、音、硬度等方面，都有详细的表述。

"形"，主要以古人瘦、漏、透、皱的赏石理念，对奇石评判。

"质"，杜绾将石质分为粗糙、颇粗、微粗、稍粗、光润、清润、温润、坚润、稍润、细润等级别。

"色"，有白、青、灰、黑、紫、褐、黄、绿、碧、红等单色。还列出了过渡色、深浅色和多色的石头。

"纹"，列出核桃纹、刷丝纹、横纹、圈纹、山形纹、图案纹、松脉纹等奇石品种。

"音"，杜绾常敲击石头，得到无声、有声、微有声、声清越、铿然有声等不同效果。

"硬度"，杜绾对石头硬度的描述有，甚软、稍软、不甚坚、颇坚、甚坚、不容斧凿等级别。

可以看出，杜绾不但是奇石专家，还是矿物岩石学家。清代《四库全书》入选的论石著作，只有《云林石谱》。《四库提要》说：此书"即益于承前，更泽于启后。"

诗人范成大也非常喜爱玩英石、灵璧石和太湖石，并题"大柱峰""峨眉石"等。如峨眉石联："三峨参差大，峨高奔崖侧，势倚半霄；龙盘虎卧起，且伏旁睨沫，水沱江朝。"

以文同、米芾、苏东坡等人为代表的文人画派，提倡天人合一，主张审美者应深入山水之中，"栖丘饮谷"，对山石吟诗作画，以领略自然山水之内在美，体验大自然之真谛。

南宋平远景致，简练的画面偏于一角，留出大片空白，使人在那水天辽阔的空虚中，发无限幽思之想。这里文化的交融与内敛，却使赏石文化的意境更加旷远，给后世赏石以更多滋养。

阅读链接

在蒲松龄《聊斋志异》的《大力将军》篇和金庸的《鹿鼎记》中都写到了，浙江名士查伊璜和当时的广东提督吴六一的一段交往。吴将军早年贫寒，得查资助得以投军。后来吴欲厚报，查不受。在广东吴将军府花园内，查看到了这块奇石，十分赞赏，题名为"绉云峰"。

查回乡后，吴令人将此石运至海宁查家，"涉江越岭，费逾千缗"。此石一到浙江，立即为浓厚的文化氛围笼罩，文人们为之赋诗作词，画家为之描摹，金石家为之铭石，朴学大师俞樾的一篇《护石记》更是写尽了传统文化中的"石情""石缘"。

如今300年过去了，绉云峰已不能再吸引文化人关注的目光。俞樾的重孙俞平伯因善读《石头记》成为红学大师，但物转星移，此石已非彼石。

至于查伊璜的后代查良镛，则以"金庸"为笔名，在更新的文化空间里长袖善舞。只有绉云峰，还是一块石头，静静地站在西湖边，展示着大自然的鬼斧神工和它最原始的魅力。

疏简清远的元代赏石文化

1161年，金世宗定都大都，即北京，开始修建大宁宫，役使兵丁百姓拆汴梁"艮岳"奇石运往大都，安置于大宁宫。

元定都大都后，还在广寒殿后建万岁山。皇家《御制广寒殿记》载：万岁山"皆奇石积叠以成，……此宋之艮岳也。宋之不振以是，金不戒而徙于兹，元又不戒而加侈焉。"

从万岁山赏石可以看出，元代皇家园林，是在金

狮子林中的奇石

人取艮岳石有所增添而成。

元代大学士张养浩官拜礼部尚书等职，他在济南建造"云庄"。园内有云锦池、稻香村、挂月峰、待凤石以及绰然、乐全、九皋、半仙诸亭。

张养浩热爱自然山川，厌弃官场生活，作诗说："五斗折腰惭为县，一生开口爱谈山。"据《历城县志》记述："公置奇石十，每欲呼为石友。"其中4块尤为珍惜，命名为"龙""凤""龟""麟"，4块灵石均为太湖石。

元代修琼华岛，自寿山艮岳运石。张养浩收藏了部分精品置于云庄，4块名石饱经沧桑，唯有"龟"石幸免于难。龟石亭亭玉立，卓越多姿，又称为瑞石。

龟石挺拔露骨，筋络明显，姿态优美，纹理自然，玲珑剔透，其高4米，重8吨，具有"皱、瘦、透、秀"的特点，被誉为"济南第一名石"。

狮子林中的太湖石

1342年，元代僧人维则叠石，成为后来的苏州狮子林。《画禅寺碑记》："邯城东狮子林古刹，元高僧所建。则性嗜奇，蓄湖石多作狻猊状，寺有卧云室，立雪堂。前列奇峰怪石，突兀嵌空，俯仰多变。"

狮子林盘桓曲

天然的奇石

■ 狮子林的奇石

折，错落多变，叠石自成一格。园内假山遍布，长廊环绕，楼台隐现，曲径通幽，有迷阵一般的感觉。

长廊的墙壁中嵌有宋代四大名家苏轼、米芾、黄庭坚、蔡襄的书法碑及南宋文天祥《梅花诗》的碑刻作品。

狮子林既有苏州古典园林亭、台、楼、阁、厅、堂、轩、廊之人文景观，更以湖山奇石，洞壑深邃而盛名于世，素有"假山王国"之美誉。

狮子林原为菩提正宗寺的后花园，1341年，高僧天如禅师来到苏州讲经，受到弟子们拥戴。第二年，弟子们买地置屋为天如禅师建禅林。

园始建于1342年，由天如禅师维则的弟子为奉其师所造，初名"狮子林寺"，后易名"普提正宗寺""圣恩寺"。

因园内"林有竹万，竹下多怪石，状如狻猊

文天祥（1236年~1283年），字履善，又字宋瑞，自号文山，浮休道人。汉族，南宋末期吉州庐陵人，南宋末期大臣，文学家。1278年兵败被俘虏，在狱中坚持斗争三年多，后在柴市从容就义。著有《过零丁洋》《文山诗集》《指南录》《指南后录》《正气歌》等作品。

■ 狮子林中的假山

者"，狻猊即狮子。又因天如禅师维则得法于浙江天目山狮子岩普应国师中峰，为纪念佛徒衣钵、师承关系，取佛经中狮子座之意，故名"师子林""狮子林"。亦因佛书上有"狮子吼"一语，指禅师传授经文，且众多假山酷似狮形而命名。

维则曾作诗《狮子林即景十四首》，描述当时园景和生活情景。园建成后，当时许多诗人画家来此参禅，所作诗画列入"狮子林纪胜集"。

狮子林假山群峰起伏，气势雄浑，奇峰怪石，玲珑剔透。假山群共有9条路线，21个洞口。横向极尽迂回曲折，纵向力求回环起伏。游人穿洞，左右盘旋，时而登峰巅，时而沉落谷底，仰观满目叠嶂，俯视四面坡差，如入深山峻岭。

洞穴诡谲，忽而开朗，忽而幽深，蹬道参差，或平缓，或险隘，给人带来一种恍惚迷离的神秘趣味。

"对面石势阴，回头路忽通。如穿九曲珠，旋绕势嵌空。如逢八阵图，变化形无穷。故路忘出入，新术迷西东。同游偶分散，音闻人不逢。变幻开地脉，神妙夺天工。""人道我居城市里，我疑身在万山中"，就是狮子林的真实写照。

狮子林的假山，通过模拟与佛教故事有关的人体、狮形、兽像等，喻佛理于其中，以达到渲染佛教气氛之目的。但是它的山洞做法也不完全是以自然山洞为蓝本，而是采用迷宫式做法，通过蜿蜒曲折，错综复杂的洞穴相连，以增加游趣，所以其山用"情""趣"两字概括更宜。

园东部叠山以"趣"为胜，全部用湖石堆砌，并以佛经狮子座为拟态造型，进行夸张，构成石峰林立，出入奇巧的"假山王国"。

山体分上、中、下3层，有山洞21个，曲径9条。崖壑曲折，峰回路转，游人行至其间，如入迷宫，妙趣横生。山顶石峰有"含晖""吐丹""玉立""昂霄""狮子"诸峰，各具神态，千奇百怪，令人联想翩翩。山上古柏、古松枝干苍劲，更添山林野趣。

■ 小径中的怪石

园林西部和南部山体则有瀑布、旱涧道、石磴道等，与建筑、墙体和水面自然结合，配以广玉兰、银杏、香樟和修竹等植物，构成一幅天然图画，使游人在游览园林、欣赏景色的同时，领悟"要适林中趣，应存物外情"的禅理。

元代我国经济、文化的发展

均处低潮，赏石雅事当然也不例外。造成元代在盆景观石赏玩上日趋小型化，出现了许多小盆景，称"些子景"。

大书画家赵孟頫是当时赏石名家之一，曾与道士张秋泉真人交往过密，对张所藏"小岱砚山"一石十分倾倒。面对"千岩万壑来几上，中有绝涧横天河"的一拳奇石，他感叹：

> 人间奇物不易得，一见大呼争摩挲。
> 米公平生好奇者，大书深刻无差讹。

张道士所藏"小岱岳"，小巧玲珑，气势雄伟，峰峦起伏，沟壑纵横，天然生成并无雕琢。赵孟頫一见惊呼奇物，爱不释手。

赵孟頫，字子昂，是元代最杰出的书画家和文学家，本是宋太祖赵匡胤之子秦王赵德芳的第十二世孙。按理说，赵孟頫既为大宋皇家后裔，又为南宋遗臣，且为大家士子，本应隐遁世外，却被元世祖搜访遗逸，终拜翰林学士承旨。其心中矛盾之撞激，可以想见。赵孟頫专注诗赋文词，尤以书画盛名享誉，亦赏石寄情，影响颇为深远。

阅读链接

元代，发现了另一种精美的观赏石，那就是齐安石，产于湖北省，黄州城西有小山，山上多卵石，黄州古时名为齐安。故名齐安石，亦称黄州石。

黄州石质地坚而柔韧，光滑圆润，温莹如玉；呈红黄之深浅色，有的纹理细如丝，既鲜丽，又宛然；形状多为椭圆、扁圆，也有奇形怪状的，以奇形为佳；大者如西瓜，最小者亦似黄豆粒。

黄州石是一种五彩玛瑙石，宋苏东坡首藏，至元代大量应用于观赏。其赏玩最好是水浸法，水浸石长年润泽不枯，生机盎然，石子色泽、纹理、图案尽显，有极高观赏价值。

明清历史时期

　　明朝，文人士大夫思想的个性解放，与魏晋南北朝时期颇有契合之处。仕途的闭塞，使士子不复他想，王阳明的心学使士人更加关注生活的情趣和生命的体认。明代精致小巧的理念，深刻地影响到造园选石与文房赏石，成为士人赏石的经典传承。

　　进入清代，随着近代科学文化的发展，自然山水的审美也进入了新的阶段，人们逐渐摆脱了山石自然崇拜的束缚，开始与自然科学研究结合起来。

重新兴盛的明代赏石文化

明代的江南园林，变得更加小巧而不失内倾的志趣和写意的境界，追求"壶中天地""芥子纳须弥"式的园林空间美。明末清初《闲情偶记》作者李渔的"芥子园"也取此意。

晚明文震亨《长物志·水石》中说："一峰则太华千寻，一勺则江湖万里"，是以小见大的意境。

晚明祁彪家的"寓山园"中，有"袖海""瓶隐"两处景点，便有袖里乾坤、瓶中天地之意趣。

而计成在《园冶·掇山》中说："多方胜景，咫尺山林，……深意画图，余情丘壑"也表明了当时赏石文化的特色。

荷花与怪石

明朝晚期，扬州有望族郑氏兄弟的4座园林，被誉为江南名园之四。其中诗画士大夫郑元勋的"影园"，就是以小见大的典范。

郑氏在《影园自记》中说："媚幽阁三面临水，一面石壁，壁上植剔牙松。壁下为石涧，涧引池水入，畦畦有声。涧边皆大石，石隙俱五色梅，绕阁三面至水而止。一石孤立水中，梅亦就之。"

赏石与幽雅小园谐就致趣，所谓"略成小筑，足征大观"是也。

于敏中《日下旧闻考》说："淀水滥觞一勺，明时米仲诏浚之，筑为勺园。"米万钟在北京清华园东侧建"勺园"，取"海淀一勺"之意，自然以水取胜。明王思任《米仲诏勺园》诗："勺园一勺五湖波，湿尽山云滴露多。"

米万钟曾绘《勺园修禊图》长卷，尽展园中美景。《日下旧闻考》记："勺园径曰风烟里。入径乱石磊砢，高柳荫之。……下桥为屏墙，墙上石曰雀浜。……逾梁而北为勺海堂，堂前怪石蹲焉。"园中赏石亦为奇景。

《帝京景物略》称勺园中"乱石数垛"，后来颐和园中蕴含"峰虚五老"之意的五方太湖石，就是勺园的遗石，象征一年四季之"春华、秋实、冬枯、夏荣"的四季石与老寿星被称为"峰虚五老"，象征长寿之意。

■ 明代赏石

米万钟（1570年～1628年），明代书画家。字仲诏，陕西安化人，徙居燕京，米芾后裔。官太仆寺少卿、江西按察使等职。有好石之癖，善山水、花竹，书法行、草俱佳，既有南宫篆法，也有章草遗迹。与董其昌齐名。称"南董北米"。

■雨花石千枝蜡梅

米万钟建"勺园"应在万历晚年。他在京城还有"湛园""漫园"两处园林，但都不及"勺园"名满京城，明朝万历至天启年间，京都的达官显贵、文人墨客皆到米氏三园游览，米万钟也因园名

噪，京都名流皆赞：米家有四奇，即园、灯、石、童。

米万钟对五彩缤纷的雨花石叹为奇观，于是悬高价索取精妙。当地百姓投其所好争相献石，一时间多有奇石汇于米万钟之手。

米万钟收藏的雨花石贮满大小各种容器。常于"衙斋孤赏，自品题，终日不倦"。其中绝佳奇石有"庐山瀑布""藻荇纵横""万斛珠玑""三山半落青天外""门对寒流雪满山"等美名。并请吴文仲作画《灵岩石图》，胥子勉写序成文《灵山石子图说》。米万钟对雨花石鉴赏与宣传，贡献良多。

米万钟爱石，有"石痴"之称。他一生走过许多地方，向以收藏精致小巧奇石著称。

明代，国家最高学府是国子监。朱棣迁都北京，重设国子监，而留都南京的国子监依然保留，于是有了"南监""北监"之分。南京国子监博士文彭曾经买下4筐石头，而那4筐石头即为著名的青田"灯光冻"。

玺印为执信之物，艺术滥觞于先秦，兴盛于两汉，衰微于唐宋，巅峰于明清。明吴名世《翰苑印林·序》说："石宜青田，质泽理疏，能以书法行乎其间，不受饰，不碍力，令人忘刀而见笔者，石之从志也，所以可贵也。故文寿臣以书名家，创法用石，实为宗匠。"

青田石硬度小，文彭以此石为材，运用双钩刀法，奏刀有声，如笔意游走，实为开山宗师。

文彭也是边款艺术的缔造者，除了印文，他在印章的其他五面，以他深厚的书法功底和文化学养，师法汉印，锐意进取，篆刻出诗词美文、警句短语、史事掌故等，使印章成为完美的艺术品。

明代周应愿在《印说》中写道："文也、诗也、书也，与印一也。"这种"印与文诗书画一体说"，将印提升到最高的审美境界。文彭正是这种艺术的集大成者。

《琴罢倚松玩鹤》印章，为文彭50岁时力作，四面、顶部皆有款识，共刻有70余字。松荫鹤舞，鼓琴其间，啸傲风雅。印款笔势灵动，用刀苍拙，直是汉魏遗风。印文边缘多有残损，颇有金石古韵。印石彰显出文人宽怀从容、淡雅有格的自信神态。

为印石艺术传播推波助澜的人，还有一位文彭的挚友，以诗文名世，官至兵部左侍郎的汪道昆。他在文彭家里看到4筐石头，随即出资买下100方印石，请文彭、何震师徒镌刻。

不久，汪道昆到北京特意拜访吏部尚书，尚书也渴望得到文彭的印章。于是文彭又被任命为北京国子监博士，这就是文彭"两京国子监博士"的由来。而印石艺术也迅速传向北方。

这一时期，尤其开

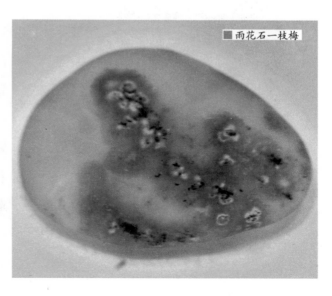

■ 雨花石一枝梅

■ 青田石观音菩萨塑像

发了除青田石之外的寿山石。寿山石因分布于福州市郊的寿山而得名，又可分为田坑石、山坑石、水坑石三大类。

明代精致文化的繁荣发展，促进了园林、文房、赏石精致理念的普遍认知。这种认知，又促使文人著书立说，创造了更加精深的典籍，成为精致文化的传承宝库。

晚明计成，字无否，苏州人。他游历山川胜景，又是山水绘画高手，因造园技艺超群而闻名遐迩。他曾为郑元勋造"影园"，为吴又予建"吴园"，为汪士衡筑"吴园"，都是技艺精湛、以小见大的典范。

计成《园冶·掇山》中说："岩、峦、洞、穴之莫穷，涧、壑、坡、矶之俨是。信疑无别境，举头自有深情。蹊径盘且长，峰峦秀而古。多方景胜，咫尺山林。"

奇石在造园中是不可替代的景观，能创造出以小见大的自然胜景。《掇山》对造园的景观石有很深的见解。释"峰"为："峰石一块者，相形何状，造合峰纹石，令匠凿笋眼座，理宜上大下小，立之可观。"释"峦"

说："峦，山头高峻也，不可齐，亦不可笔架式，或高或低，随至乱掇，不排比为好。"释"岩"说："如理悬岩，起脚宜小，渐理渐大，及高，使其后坚能悬。"

计成释石之说，既是造园之谈，又是鉴石之道。他的《园冶》是世界上最早的园林专著，对我国乃至世界造园艺术都产生了重大影响。

文震亨所著《长物志》是晚明士大夫生活的百科全书，其中论及案头奇石，尤有深意。

《长物志·水石》卷说："石令人古，水令人远，园林水石不可无。要须回环峭拔，安置得宜。一峰则太华千寻，一勺则江湖万里。"

前句言石令人返璞之思，水引人做清隐之想。后句示于细微处览山水大观，意境深洞成玩家圭臬。

《长物志》是文房的经典、赏石的精致、生活的精细，是晚明士子的百科全书。雅趣深至，广播于四海。

江苏江阴人徐霞客，名弘祖，霞客是友人为他取的号，徐霞客走遍我国的名山大川，历尽千难万险，直至生命的最后一刻。后人根据他的日记，整理成一部宏大的著作《徐霞客游记》。

徐霞客于1630年，自福建华封绝顶而下，考察九龙江北溪，留有

青田石雕龙蛋石

青田石雕岁寒三友

闽游日记，其中描述一块巨石："余计不得前，乃即从涧水中，攀石践流，逐抵溪石上。其石大如百间房，侧立溪南，溪北复有崩崖壅水。水即南避巨石，北激崩块，冲捣莫容，跌隙而下，下即升降悬绝，倒涌逆卷，崖为倾，舟安得通也？"后来华安，即取华封、安溪两字头为名。

北溪落差极大，水流湍急，古来自华封绝顶至新圩古渡，舟楫不行，只能徒步攀缘。霞客当年考察北溪的这段奇险之地，两赴北溪考察，应当是九龙璧美石的最早发现者。

九龙江畔青山绿水，落差大、水流急、水质好，江水长年累月清澈见底，两岸四季常青，九龙璧观赏石历经漫长岁月，受急流的冲刷、拍击、磨洗、滚动，自然造就千姿百态，斑驳、离奇，集柔美、秀美、壮美、雄美于一身。

九龙璧质地细腻坚硬、色彩斑斓、纹理清晰、形态各异，自古有"绿云""红玛瑙"之称，自唐宋年间即被列为贡品，主要成分多是长条状颗粒平行层理分布，因而呈现出紫红色、淡黄色、翠绿色及墨绿色条带状弯曲结构纹理，每件产品表面都是一幅天然的抽象画。

九龙璧蕴含丰富的文化内涵，意韵丰富，蕴涵深刻，其质美，美在坚贞雄浑；色美，美在五彩斑斓；纹美，美在构图逼真；形美，美在造型奇巧；意美，美在意味深长。其中蕴含的天地灵气、日月精华，无比奥妙神奇，只可意会，不可言传。

九龙璧观赏石因硬度、密度高，吸水率几乎为零，故遇水后不变色、不易附着污物，使用中不易产生划痕，这是一般花岗岩不能比拟的。九龙璧石，似石非石，犹如硅质碧玉，五彩彩斓，嵯峨万象，其自然美和沧桑感是其他岩石类无法比拟的，是石中一绝。

在流水喷泉之中，九龙璧会幻化出多种色彩；在阳光下，干燥无水的九龙璧颜色内敛，不刺目，显得沉静；在阴天里，九龙璧那或碧绿、或紫红、或青紫、或脂白、或古铜、或金黄的多姿色彩，让人一扫沉闷，心情为之开朗；在流水下，九龙璧的色彩，会从无到有、从浅到深，不断变化，令人感受到九龙璧之精灵神奇。

精美的九龙璧，用它的色彩在歌唱。这种因时、因水而变幻色彩的特性，是其他石种所难以企及的，让人赏心悦目、心旷神怡。

徐霞客在考察路上，搜集了各种光怪陆离的石头。据《徐霞客游记》记载，1639年，徐霞客在云南大理以百钱购得大理石一小方。

同年，徐霞客在云南得翠生石，并制作器皿："二十六日，崔、顾同碾玉者来，以翠生石界之。二印池、一杯子，碾价一两五钱。此石乃潘生所送者。先一石白多而间有翠点，而翠色鲜艳，逾于常石。……余反喜其翠，以白质而显，故取之。又取一纯翠者送余，以为妙品，余反见其黯而无光也。今令工以白质者为二印池，以纯翠者

■寿山石雕刻品

为杯子。"

徐霞客在云南考察玛瑙山："凿崖迸石，则玛瑙嵌其中焉。其色有白有红，皆不甚大，仅如拳，此其蔓也。随之深入，间得结瓜之处，大如升，圆如球，中悬为宕，而不粘于石。宕中有水养之，其精莹坚致，异于常蔓，此玛瑙之上品，不可猝遇；其常积而市于人者，皆凿蔓所得也。"

徐霞客游水帘洞，在旱洞取走两根完整的钟乳石，并将所得怪石都集中到玛瑙山，以便返乡时带回。

钟乳石又被称为石灰华，多产于石灰岩溶洞中。钟乳石有多种颜色，乳白、浅红、淡黄、红褐，有的多种颜色间杂，形成异彩纷呈的图案，常常因含矿物质成分不同，而色彩各异。

它的形状千奇百怪，笋状、柱状、帘状、葡萄状，还有的似各种各样的花朵、动物、人物，清晰逼真，栩栩如生。此石表面滑润，取其根部可磨出鲜艳精美的图案。

寿山石仙人出游

如有一块著名的叫"嫦娥奔月"的钟乳石，呈现出一片红褐色天空，流淌着一条蜿蜒的银河，就在河之半圆中，嫦娥拖着白色长裙，势欲飞奔，真是活灵活现，妙趣横生。

钟乳石用途广泛，给它配上底座，放置于客厅茶几上，十分美观；将它植于陶盆中，因石上有细孔累累绕之，可栽花种草，组成山水盆景，也显得高雅清秀。

1640年，云南丽江木增太守派出一支人马，抬着双足俱废的霞客，连同他的书籍、手稿、怪石、古木等物品，历时半年，万里迢迢送回故乡。

据友人陈函辉《徐霞客墓志铭》记载：霞客回到家乡江阴后卧病在床"不能肃客，惟置怪石于榻前，摩挲相对，不问家事。"翌年正月病逝。

明末松江府华亭人林有麟，字仁甫，号衷斋，累官至龙安知府。画工山水，爱好奇石。中年撰写《素园石谱》，以所居"素园"而得名。林有麟是奇石收藏家，他在《素园石谱自序》中说："而家有先人'敝庐'、'玄池'石二拳，在逸堂左个。"林有麟祖上就喜爱奇石，除以上两石，尚有"玉恩堂砚山"传至林有麟手中。

林家还藏有"青莲舫砚山"，其大小只有掌握，却沟壑峰峦孔洞俱全。他在素园建有"玄池馆"专供藏石，将江南三吴各种地貌的奇石都搜集到，置于馆中，时常赏玩。朋友何士抑送给林有麟雨花石若干枚，他将其置于"青莲舫"中，反复品赏把玩，还逐一绘画图形、品铭题咏，附在《素园石谱》之末，以"青莲绮石"命名之。

《素园石谱》全书分为4卷，共收录奇石102种

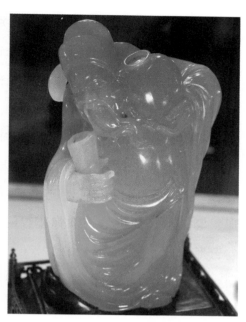

■ 田黄石雕作品太白醉酒

徐霞客（1587年～1641年），名弘祖，字振之，号霞客，明南直隶江阴人。伟大的地理学家、旅行家和探险家。中国地理名著《徐霞客游记》的作者。被称为"千古奇人"。把科学和文学融合在一起，探索自然奥秘，调查火山，寻觅长江源头，更是世界上第一位石灰岩地貌考察学者，其见解与现代地质学基本一致。

类，249幅绘图。景观石为最大类别，其中又有山峦石、峰石、段台石、河塘石、遮雨石等形态。另外还有人物、动物、植物等各种形态的奇石、化石、文房石、以图见长的画面石等也收录在谱，可谓洋洋大观。

明代是我国传统文化的鼎盛时期，各类艺术渐臻完备，明式家具几成中国经典家具艺术的代名词。赏石底座也随势而上，得到充分发展。明代赏石底座专属性已经成熟，底座有圆形、方形、矩形、梯形、椭圆形、树桩形、须弥座等门类的诸多形状。圭脚主要有垛形和卷云形两种。

明代制作石底座的高手，集中在经济发达的苏州、扬州、南通、松江一带，通称苏派。苏派用料讲究、做工精细，风格素洁文雅、圆润流畅，后世技艺传承不衰。

阅读链接

"奇峰乍骈罗，森然瘦而雅"，这是明人江桓在获得三峰英石之后发出的赞叹。英石亦是四大名石之一，因产于广东省英德县英德山一带而得名。

它开发较早，在北宋人赵希鹄的《洞天清禄》、杜绾《云林石谱》即有著录。陆游在《老学庵笔记》中也写道："英州石山，自城中入钟山，涉锦溪，至灵泉，乃出石处，有数家专以取石为生。其佳者质温润苍翠，叩之声如金玉，然匠者颇秘之。常时官司所得，色枯槁，声如击朽木，皆下材也。"

英石分为水石、旱石两种，水石从倒生于溪河之中的巉岩穴壁上用锯取之，旱石从石山上凿取，一般为中小形块，但多具峰峦壁立、层峦叠嶂、纹皱奇拙之态，古人有"英石无坡"之说。英石色泽有淡青、灰黑、浅绿、黝黑、白色等。

再达极盛的清代赏石文化

　　进入清代，享受自然山水美的同时，不少人对自然山水进行了详细考察、探索，揭示名山大川的自然奥秘，使山水审美和山水科学相结合，促进了山水审美的不断深化。

　　明末清初，园林发展迅速，一些著名的文人画家也积极参与造园，园林中置石、叠石以奇特取胜，把绘画、诗文、书法三者融为一体，使园林意境深远，更具诗情画意。

■ 扬州个园假山

　　如建于清嘉庆年间的扬州个园中有四季假山，采用以石斗奇、分峰用石的手法，表现春、夏、秋、冬的意境。

　　园的正前方为"宜雨轩"，四面虚窗，可一览园中全景，园的后方为抱山楼，楼上下各有七楹，西联夏山，东接秋山，春景，在竹丛中选用石绿斑驳的石笋插于其间，取雨后春笋之意。以"寸石生情"之态，状出"雨后春笋"之情，看着竹叶让人会意"月映竹成千个字"，这也是个园得名缘由之一。

这幅别开生面的竹石图，运用惜墨如金的手法，点破"春山"主题，告诉人们"一段好春不忍藏，最是含情带雨竹"。同时还传达了传统文化中"惜春"的理念。

如果说园门外是初春之景，那么过园门则是仲春的繁荣，这里用象形石点缀出十二生肖忙忙碌碌争相报春，还有花坛里间植的牡丹芍药也热热闹闹竞吐芳华，好一派渐深渐浓的大好春光。

令人惊奇的是，这种春色的变化是在不知不觉间自然而然形成的。个园春山宜游，原不在游程长短，而在游有所得，游有所乐。

石涛是我国清初杰出的大画家，他在艺术上的造诣是多方面的，不论书画、诗文以及画论，都达到极高境界，在当时起了革新的作用。他在园林建筑的叠山方面，也很精通。

■个园内的亭榭与奇石

■ 扬州个园夏山

《扬州画舫录》《扬州府志》及《履园丛话》等书，都说到他兼工叠石，并且在流寓扬州的时候，留下了若干假山作品。

如扬州"片石小筑"即为石涛之杰作，气度非凡。峭岩深壑，幽洞石矶，石峰突起，妙极自然，宛如天成，充满诗情画意。假山位于何宅的后墙前，南向，从平面看来是一座横长的倚墙假山。

西首为主峰，迎风耸翠，奇峭迫人，俯临水池。度飞梁经石磴，曲折沿石壁而达峰巅。峰下筑方正的石屋两间，别具风格，即所谓"片石小筑"。

向东山石蜿蜒，下构洞曲，幽邃深杳，运石浑成。此种布局手法，主峰与山洞都更为显著，全局主次格外分明，虽地形不大，而挥洒自如，疏密有度，片石峥嵘，更合山房命意。

石涛（1642年~约1708年），清初四僧之一。法名原济，一作元济、道济。本姓朱，名若极，字石涛，广西全州人，晚年定居扬州。明靖江王之后，出家为僧。半世云游，饱览名山大川，是以所画山水，笔法恣肆，离奇苍古而又能细秀妥帖，为清初山水画大家，画花卉也别有生趣。并著有《画语录》。

石涛所叠的万石园，是以小石拼凑而成山。片石小筑的假山，在选石上用了很大的功夫，然后将石之大小按纹理组合成山，运用了他自己画论《苦瓜和尚画语录》上"峰与皴合，皴自峰生"的道理，叠成"一峰突起，连冈断堑，变幻顷刻，似续不续"的章法。

因此虽高峰深洞，了无斧凿之痕，而皴法的统一，虚实的对比，全局的紧凑，非深通画理又能与实践相结合者不能臻此。

因为石料取之不易，一般水池少用石驳岸，在叠山上复运用了岩壁的做法，不但增加了园林景物的深度，且可节约土地与用石，至其做法，则比苏州诸园来得玲珑精巧。

戈裕良比石涛稍后，为乾隆时著名叠山家。他的作品有很多就运用了这些手法。从他的作品苏州环秀山庄、常熟燕园等，可看出戈氏能在继承中再提高。

■苏州留园奇石冠云峰

苏州环秀山庄多用小块太湖石拼合而成，依自然纹理就势而筑，整体感很强，悬崖、峭壁、山涧、洞壑浑然一体，并在咫尺之内形成活泼自然、景致丰富的园林景观。

江南园林发展迅猛，以宅园为多，它与住宅建筑紧密相连，实际上是住宅空间的延续，掇山、理水、布石、种花、点缀亭榭，成为自然山林之缩影。

清代在北方建造规模宏大的皇家园林，如圆明园、清漪园、静明园、避暑山庄等，都借鉴江南园林景色，因地制宜，寄情山水，状貌山川形神之美。

■扬州个园的怪石

如在避暑山庄的建设中，就是因地制宜，顺应自然而以各类奇石构成一代名园。山庄内的假山，是由1703年开始，从无到有，由少至多，于1792年结束，几乎人为造景的地方，都有假山的存在。共有纯土堆山23处，叠石造山91处，土包石和石包土山3处，真山雕刻成假山和假山混杂于真山之中17处，很难计算数量。

宫殿区的假山，修造得简约而扼要，其原因一方面，是不失避暑山庄的尊严、古朴、幽雅、自然，以体现中国古典园林的艺术风格；另一方面，又体现皇家玩赏和实用意义。

凡是举行大典和处理政务的地方，如"淡泊敬诚""四知书屋""勤政殿"以及对外有影响的"清音阁""福寿堂"，只做"踏跺""抱角"，以显示山庄野趣之味。

而皇帝与皇后、妃子居住的地方，均有假山点缀，以使其庭院别致，景色宜人。例如，"云山胜地"是皇后居住的地方，除假山石"踏跺""抱角"外，还筑"庭院山"及楼前东部的"云梯山"。该处景色不仅有"黄云近陇复遐阡，想象丰年入颂笺"的画意诗情，而且还能巧妙地由"云梯山"内"蹬道"跨入二层楼内的实用意义。

平原区内假山虽然配置不多，可是为了整理地形地貌和造景，亦做了巧妙处理。

如"春好轩"东山花外，使用混湖石叠砌一组山石小景，从而改变了那里建筑物因矩宫墙较近而显得死板的气氛。

在"巢翠亭"后部，利用青石与混湖石的特点，布置多处"散点石"，不仅美化了环境，而且石花、石笋更增秀气，使平原区院落，生机盎然。

湖区的堆土与叠石造山，最为佳美，无不利用假山做岛、造岸、修堤、筑台、叠山，造成驰名天下的"芝径云堤""月色江声""如意洲""清舒山馆""香远益清""石矶观鱼""曲水荷香""远近泉声""金山岛屿""烟雨楼""文津阁""环碧""戒得堂""船坞""文园狮子林"等秀丽景色与各有千秋的风貌。

个园的巨型奇石

山区假山，修造得更有特色。每座建筑组群，无不在原有条件的基础上利用假山处理、点缀、配置，而成其绝妙景物的。

康熙和乾隆在避暑山庄营建的假山，不仅继承了我国古典园林的章法，而且创造出了承德为尊、塞北称冠的假山艺术珍品。它与江南假山并驾齐驱，驰名中外。

避暑山庄的假山，有

■苏州狮子林的奇石

多、全、异、绝、古、浑、野、妙、仿等特点。假山的种类齐全，形体无所不有。而且还有真山雕刻成假山和假山混杂于真山之中的造山。

清代，曹雪芹写成一部历史名著《红楼梦》，又称《石头记》，是运用浪漫主义手法对石头进行艺术想象加工创造的不朽之作。

传说女娲氏炼五彩石补天，遗留一块在大荒山青梗峰下，此石自叹无力补天，有一僧一道决心让石头到人间走一遭，从而演出一场红楼梦。

这补天遗石也就变成了贾宝玉的通灵宝玉，它也决定着宝玉的命运。奇石在作者的笔下，被赋予了伟大生命，于是变成了灵石，《石头记》也成为了写石的伟大篇章。

蒲松龄《聊斋志异》寄托了他的孤愤，他栖居石隐园，收藏众多名石，如三星石、海岳石、蛙鸣石等，写出了很多有关赏石的文章，同时写出了一部石谱，对近100种奇石的出处、形状、色泽、质地及用途都作了详细描述。他对石隐园的一石一木倍加爱惜，倾注感情。

蒲松龄在《石清虚》中惟妙惟肖地描绘一个爱石如命的邢氏老人从河中捞取一块奇石，视为珍宝，历经磨难，几经坎坷，矢志不变，既写出石之玲珑剔透、奇特，又写惜石之痴情，宁可折寿也不愿离石，可谓石痴，而绝非叶公好龙之徒。

清代《西游记》小说与京剧开始流传，所以有的雨花石就命名为"悟空庞"，色如豇豆，上有一元宝形曲线且凸出石表面，在曲线正中偏上处恰又生出两个平列的小白圈，圈内仍是豇豆红色，极似京剧舞台上的孙悟空脸谱。

清代藏石家宋荦在香溪发现了五色鸳鸯石。他在《筠廊偶笔》中说：归州香溪中多五色石。康熙时从溪中得一石，大如斗，里面好像有物，剖开后，竟得雌鸳鸯石一枚。后又过该溪，又得一石，剖开后，竟然得到雄鸳鸯石一枚，真是奇中又奇。

清乾隆年间，有人收藏一石，上面有山树，下有7个字："石出倒听枫叶下。"后人在黔州又得一石，花纹与前者大不一样，但也有一词句："橹摇背指菊花开。"于是将这两块石称为"对仗石"。

清代十七宝斋中藏有17块宝石，均为河南禹州所产。其中有一石绿色，上有红牡丹一枚，背面有"富贵"两字。另一石洁白，长约6.7厘米，宽约3.3厘米。细看上有两个小人，手指远方。旁边还有8个小字："红了樱桃，绿了芭蕉"。

阅读链接

清康熙年间，内蒙古阿拉善左旗供入内府一块肉形石，是一块天然的石头，高5.73厘米，宽6.6厘米，厚5.3厘米。

此件肉形石乍看之下，极像是一块令人垂涎三尺、肥瘦相间的"东坡肉"，"肉"的肥瘦层次分明、肌理清晰、毛孔宛然，无论是色彩还是纹理，都可以乱真。

人们似乎都能闻到红烧肉的香味，真正是人间极品。